LA MAIN ET LE VERBE

Aurélien Abels-Eber

LA MAIN ET LE VERBE

Essai sur l'ostéopathie intégrative

ISBN numérique : 979-10-405-8827-6
EAN papier : 9791040588283

Librinova

Courriel : contact@librinova.com
Internet : www.librinova.com

Sommaire

INTRODUCTION

L'approche intégrative a le vent en poupe. C'est un concept de plus en plus utilisé dans une démarche de recherche de soin global et individualisé. Développée de manière hétérogène à travers le monde, elle représente une des facettes de l'avenir de la médecine. Il va donc falloir s'habituer à lire et entendre ce terme!

L'intégrativité, c'est simplement le fait d'intégrer une thérapie, une connaissance, un savoir à une autre thérapie, une autre connaissance, un autre savoir.

Dans le domaine du soin, il s'agit en fait de s'adapter au mieux et de tenter d'être le plus précis et pertinent dans l'acte thérapeutique.
Plus le diagnostic est précis, plus la réponse thérapeutique est efficace !
Partons du constat que la grande majorité des pathologies fonctionnelles (lombalgies, tendinites, colites, arthralgies, céphalées bénignes, prè-diabète...) possèdent des causes multifactorielles (mécanique, alimentaire, émotionnelle, environnementale...). Prendre en charge au mieux ces troubles, c'est alors peut-être posséder une caisse à outils diversifiée dans sa pratique de thérapeute.

Quand on connaît par exemple le lien ténu entre le système digestif et certaines maladies inflammatoires chroniques (polyarthrite, diabète, psoriasis...) [1,2], il est cohérent d'intégrer des notions d'**alimentation santé** pour potentialiser de manière plus pérenne nos actions manuelles. Il en va de même pour la **phytothérapie (**troubles fonctionnels hépatiques ou états émotionnels entraînant des tensions organiques...), le **massage** (anxiété chronique, sportif de haut niveau...) ou la **micronutrition** (fatigue passagère, périnatalité, vitalité tissulaire...).

Si l'hypnose associée à l'anesthésie, l'acupuncture associée à la maïeutique ou la micronutrition en médecine du sport sont des exemples d'intégrativité, on peut, dans le même ordre d'idée, associer l'ostéopathie à d'autres pratiques : chirurgie, kinésithérapie, orthophonie, psychologie, dentisterie etc...

Quelle peut donc être la place de l'ostéopathie dans cette pluridisciplinarité contemporaine nécessaire ?

→COMMENT PENSER L'INTERdisciplinarité EN OSTEOPATHIE ?

-L'ostéopathe a-t-il besoin d'outils et de savoir être, lorsqu'il travaille de concert avec d'autres thérapeutes (Médecins, orthophonistes, dentistes, podologue, sage-femme, kiné...)?

→COMMENT PENSER L'INTRAdisciplinarité EN OSTEOPATHIE ?

Est-il pertinent d'intégrer des pratiques complémentaires à l'ostéopathie qui lui sont, au départ, étrangères ?

Citons: le massage, la cupping-thérapie, l'alimentation santé, la phytothérapie, la relaxation, la médecine chinoise, la micronutrition, le taping, l'échoscopie etc...?
-L'ostéopathe est-il légitime à donner des conseils ou à utiliser d'autres outils que ses mains ?
-Quels impacts peuvent avoir l'association de l'ostéopathie avec d'autres thérapies naturelles ? Sur l'accompagnement des maladies chroniques en particulier ?

Finalement, **comment réaliser une alliance entre la médecine mécanique et la médecine métabolique, entre l'ostéopathie et les conseils de santé, entre la main et le verbe ?**

Nous proposons alors ici de nous pencher sur l'alliance de l'ostéopathie avec le **massage** et la **cupping-thérapie** (pose de ventouses dites médicinales). Deux alliés complémentaires à notre action manuelle permettant une détente profonde des tissus mous. ***(LA MAIN)***

Ainsi que sur l'optimisation métabolique de nos soins manuels par le biais de la **micronutrition** et de la **phyto-aromathérapie**. (***LE VERBE***)

Sans jamais oublier que le fondement de l'ostéopathie reste la manualité, seul outil pertinent à travailler sans relâche tout au long de sa carrière !

LA MÉDECINE INTÉGRATIVE

Le terme de médecine intégrative se définit par : **l'intégration de médecines non conventionnelles ou de thérapies complémentaires, dans les soins médicaux conventionnels.**

C'est par exemple, l'association de l'hypnothérapie et de l'anesthésie, de l'acupuncture et de l'obstétrique, de l'ostéopathie et de la chirurgie orthopédique, de l'aromathérapie et des soins de support en oncologie etc...Les exemples sont multiples.

Ces associations se développent de plus en plus en milieu hospitalier.

Sa création historique n'est pas bien datée, mais on peut dire que le terme commence à pointer le bout de son nez au début des années 2000. Avec par exemple le "consortium académique de médecine intégrative" en 2001, regroupant les universités Duke, Harvard et Stanford à San Francisco.

1-Définitions

"La médecine intégrative est l'association de thérapies complémentaires aux traitements conventionnels dans une approche scientifique validée, centrée sur le patient avec une vision pluridisciplinaire.La médecine intégrative est un moyen de diversifier et compléter la boîte à outils à disposition pour ainsi améliorer la santé des patients" Pr Pierre-Yves Rodondi, Fribourg

En clair, **il s'agit du mariage de différentes thérapies dans le but de répondre à un cas clinique individualisé.**

C'est une médecine que l'on peut qualifier d'holistique, c'est-à-dire qui s'intéresse à la globalité du patient.

Cette médecine occidentale résonne avec les principes existants dans des médecines millénaires telles que la médecine tibétaine, la médecine ayurvédique ou la médecine traditionnelle chinoise.

Il existe déjà dans ces médecines des associations multiples : phytothérapie, alimentation, activité physique, médications naturelles, massages etc...

2-Thérapies complémentaires et recherches

Dans cet ouvrage, nous parlons donc de thérapies complémentaires.

Il faut tout de suite noter que ces thérapies ne sont pas le centre de beaucoup d'études et de méta-analyses permettant de valider totalement leur utilisation.

Cela est capital. **Il est primordial de comprendre que l'objectif de la plurithérapie est de tenter d'apporter une plus-value au soin et non pas de conserver des croyances qui peuvent se révéler potentiellement dangereuses pour les patients.**
Il faut combattre le charlatanisme et **ne jamais oublier que l'assertion de fausses vérités dans le domaine de la santé est une porte ouverte royale pour les dérives sectaires.**

Ceci étant écrit, nous devons donc focaliser nos efforts sur des recherches, sur des socles solides. Aujourd'hui, il est clair, aussi, que nous devons "changer de paradigme dans l'évaluation de la médecine" . **"Le British Medical Council, en 2016, considère que les modèles méthodologiques, pour répondre intelligemment, doivent articuler études randomisées et études qualitatives pour évaluer les médecines complémentaires et permettre une meilleure articulation entre les deux."** [3]

S'il faut, à l'évidence, coller au plus près à L'EBM (Evidence Base Medicine) ou l'EBP (Evidence Base Practice), il ne faut pas oublier qu'**évaluer un acte ostéopathique ou l'inhalation d'huile essentielle demande une méthodologie particulière qui ne colle pas aux études randomisées en double aveugle évaluant l'action d'un médicament.**

N'oublions pas également qu'une étude coûte très cher et que certains pans de thérapies complémentaires n'ont donc pas les références nécessaires pour rivaliser avec les analyses de la médecine allopathique.
Malgré cela, **lorsque l'on fait un tour sur pubmed, on voit tout de même que la phytothérapie, l'aromathérapie, l'alimentation santé, la micronutrition ou l'acupuncture sont des domaines très étudiés de par le monde.** [4]

Tout cela pour souligner le fait qu'il faille rester le plus cartésien possible, le plus honnête et toujours remettre en doute ses croyances qui parfois se révèlent bonnes, mais parfois aussi totalement fausses et dangereuses.
La frontière est ténue. Utilisons déjà ce que les thérapies complémentaires peuvent apporter de manière certaine et continuons à expérimenter ce qu'elles pourraient potentiellement nous apporter dans le futur.

3-Intra-et Interdisciplinarité

1-L'intradisciplinarité

Elle se définit comme la *capacité à mettre en commun (en mouvement) les différentes compétences intrinsèques d'un individu pour un objectif donné.*

Par exemple: hypnose et phytothérapie chez un anesthésiste. Ostéopathie, micronutrition chez un médecin généraliste. Acupuncture et homéopathie chez une sage-femme etc....

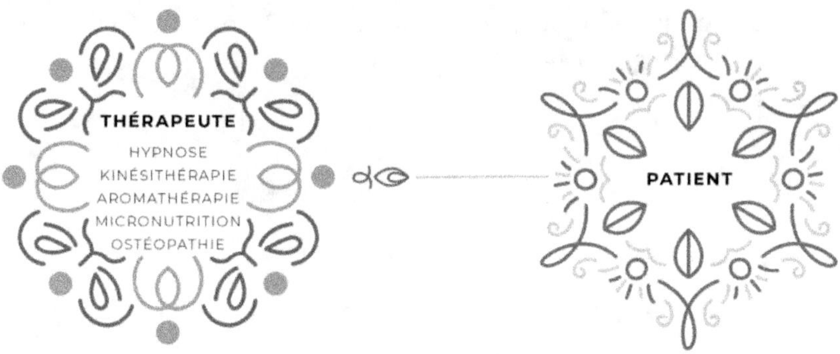

2-L'interdisciplinarité

C'est la *<u>convergence des compétences individuelles de plusieurs personnes pour un objectif donné.</u>*

Par exemple associer acupuncteur, chirurgien et kinésithérapeute pour un patient.
Si l'intradisciplinarité appelle à la mise en mouvement des compétences personnelles. l'interdisciplinarité appelle à la **convergence collective de compétences individuelles.**

L'interdisciplinarité est donc au collectif ce que l'intradisciplinarité est à l'individu.

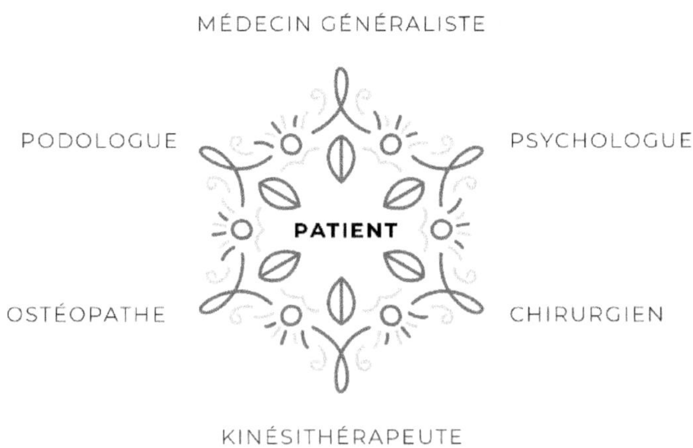

L'OSTÉOPATHIE INTÉGRATIVE[1]

[1] avec l'aimable autorisation de Mr Hervé Narcisi, détenteur de la propriété intellectuelle du terme “ostéopathie integrative”

1 -L'ostéopathie : intégrative par essence?

Le fondateur de l'ostéopathie, Andrew Taylor Still, a conçu son modèle autour de la **recherche approfondie en anatomie** et de la **thérapie manuelle** qui en découle. Mais il parlait aussi d'**alimentation** et de **nettoyage des organes émonctoires**.[5] On sait aussi qu'il s'est intéressé à la médecine chinoise (par le biais des ouvriers du middle west) et à la médecine traditionnelle des indiens d'Amérique.

Puis s'est greffé ensuite la pensée de J.M.Littlejohn portée prioritairement sur la physiologie, c'est-à dire **la médecine métabolique et mécanique.**

Ensuite le **concept crânien** de W.G. Sutherland qui fait encore couler beaucoup d'encre.
L'ostéopathie a donc été, dès sa création, un creuset réunissant plusieurs approches différentes.

Si la manualité en reste le socle primordial et indiscutable, la possibilité d'y intégrer d'autres approches comme l'alimentation santé ou des principes d'hygiène de vie était à l'œuvre dans la pensée de Still. On peut aussi parler de l'abord énergétique que Still a pu côtoyer à travers le chamanisme indien.

Andrew Taylor Still a donc inventé une médecine avant tout manuelle, mais qui peut aussi s'intéresser à d'autres approches thérapeutiques complémentaires.

2- L'ostéopathie intégrative moderne

En écho à la description précédente de la médecine intégrative, on peut également évoquer une "ostéopathie intégrative" moderne.
Elle trouvera sa résonance particulière dans **l'accompagnement des maladies chroniques.**

Elle se définie par 3 voies potentielles :

1-Étoffer sa manualité: ou mutualiser différentes approches manuelles.

2-L'Interdisciplinarité: le travail de concert avec d'autres professionnels de santé.

3-L'Intradisciplinarité: l'intégration par l'ostéopathe lui-même de thérapies complémentaires.

3- La main avant tout !

L'outil palpatoire est la clé de voûte de notre profession de soin. Pas d'interrogation là-dessus !

L'ostéopathie se définit singulièrement par une approche diagnostique et curative par l'outil-main.

C'est d'abord et avant tout cet appendice que l'on doit explorer, que l'on affine au fil des ans.
Affiner ce sens tactile.
Découvrir des sensations nouvelles qu'il peut nous apporter.

Réaliser que c'est un sens peu étudié.
On constate, preuves scientifiques à l'appui, que le goût ou l'odorat sont des sens plastiques, évoluant avec du travail et de l'apprentissage (oenologue, sommelier, nez en parfumerie, goûteur de plats, cuisinier...). Cependant, **on ne peut que rester dans l'incompréhension face au vide abyssal des recherches sur le système tactile de l'homme**. Ce dernier étant lui-même plastique, évolutif et s'adressant à toute la surface du corps.

1- Les voies de la sensibilité

Il existe 3 grandes voies de la sensibilité :
1-Extéroceptive. Qui concerne les téguments.
-Épicritique (tact fin)
-protopathique (tact grossier)
-Thermoalgique
2-Proprioceptive. Qui concerne les mouvements.
-Consciente
-Inconsciente

3-Intéroceptive. Qui concerne les ressentis viscéraux profonds.

Il existe 7 fois plus de récepteurs intéroceptifs que proprioceptifs

2-Palper le mouvement

Si l'on comprend aisément la capacité à percevoir le pouls artériel, par le biais des barorécepteurs des doigts, ou bien les mouvements du foetus dans le ventre d'une maman ou encore la macro mobilité articulaire, la notion de "toucher le mouvement" ne va pas beaucoup plus loin.

Est-il possible de sentir d'autres choses ? Les mouvements tissulaires par exemple ?

Ce qui paraît évident pour de nombreux thérapeutes manuels, n'est pas quelque chose d'encore validé scientifiquement.

Il faut alors changer de paradigme théorique en admettant qu'il existe des mouvements tissulaires autonomes (comme le peristaltisme intestinal par exemple) et que ces derniers sont perceptibles.

3-L'apprentissage palpatoire des thérapeutes manuels. Ou comment "se faire une main" ?

C'est un long apprentissage. L'apprentissage de toute une carrière. La condition sine qua
non pour devenir de plus en plus efficace dans les traitements.
Plus on touche, plus les ressentis deviennent fins et clairs.
On recherche principalement les sensations de :

-chaud/froid

-Dur/mou
-Mobilité/hypomobilité
-Motilité/hypomotilité/immotilité
-Sec/humide
-Lisse/rugueux
-Viscoelasticité

4-Un vocabulaire spécifique pour l'ostéopathe

-L'élasticité et la plasticité tissulaire.
La capacité élastique d'un corps physique est de pouvoir retourner à son état initial malgré une déformation par une force extérieure. **Le toucher qui détecte une zone corporelle élastique abonde le diagnostic d'une lésion primaire,** c'est-à-dire une zone tissulaire qui nécessite un travail manuel pour retrouver une plasticité. Plasticité qui signe une zone dotée de toute sa capacité de résilience.
Puisqu'il s'agit de cela : redonner de la plasticité aux zones indurées, aux zones élastiques.
La plasticité est la capacité d'un corps physique à se déformer sous l'action d'une force extérieure. **On pourrait alors dire que le recouvrement de la plasticité d'une zone corporelle donnée serait l'objectif final d'un traitement manuel.**
On pourrait aussi parler de modelage.

-La motilité et la vitalité tissulaire
Le terme de motilité est biologique, il n'est pas propre à l'ostéopathie. La motilité se définit par la micromobilité autonome d'un organe ou d'un tissu.
En biologie cellulaire, on parle aussi de motilité lorsque la cellule se déplace (diapedese, phagocytose, mitose, meïose...)

Pourtant, ce micromouvement tissulaire (l'ensemble du mouvement des cellules) n'a jamais vraiment pu être objectivé par des imageries.

En effet, la seule manière d'observer, visuellement, la motilité, de la constater objectivement, est d'**observer le scrotum, c'est-à dire la tunique qui enveloppe les testicules**...

Nous observons alors deux choses:

-<u>Les mouvements cutanés de retraction/dilatation</u> très importants donnant à voir une sorte de flux tissulaire semblable à une marée montante et descendante. Phénomène observable nulle part ailleurs dans le corps humain.

-<u>les mouvements intrinsèques des testicules</u> au sein de cette tunique. Il s'agit des seuls viscères internes visibles.

Ces derniers possèdent en effet ce mouvement “anarchique", où le testicule est mobilisé dans le scrotum par l'intermédiaire de fibres musculaires lisses issues du muscle transverse. C'est un **mouvement complètement indépendant du réflexe crémastérien**. Il est présent en permanence sans besoin de stimulation extérieure.

Cela fait aujourd'hui débat, puisqu'il existe des liaisons entre le muscle transverse et le diaphragme qui ne permettent pas de définir ce mouvement intrinsèque de manière absolue tant qu'il n'y a pas 30 secondes d'apnée chez l'individu... (Jean Pierre Barral en parle bien dans son ouvrage “manipulations viscérales”). Mais qu'il y ait apnée ou non, ce mouvement testiculaire, unique à observer, est probablement le lien/l'exemple le plus visible de ce que la main peut ressentir sur les mouvements viscéraux et, plus largement, sur la mobilité fasciale.

Nous pensons d'ailleurs qu'un petit ouvrage focalisé uniquement sur cette réalité tissulaire doit voir le jour. Il nous paraît mettre là en évidence le pont entre le facilement objectivable visuellement et le difficilement objectivable perceptivement (absence d'outil technique adapté). Nous avions pensé à proposer une vidéo à ce propos, mais le sujet se doit d'être traité de manière plus approfondie, ce qui sera l'objet d'un futur travail.

Car cette motilité est pourtant palpable un peu partout dans le corps, ce qui n'a jamais été démontré scientifiquement. Néanmoins, **nous savons que la main possède la capacité de percevoir du mouvement et nous savons qu'il existe du mouvement organique**. L'outil-main est-il en avance sur la technologie?

Attention, nos sens peuvent nous tromper!

C'est d'ailleurs tout un pan de la pensée de certains philosophes (Francis Bacon ou René Descartes) qui nous mettent en garde. Si l'on regarde l'horizon on a l'impression que la terre est plate, elle est pourtant sphérique ; idem avec une cuillère qui devient courbe quand elle est plongée dans de l'eau...méfiance donc entre les ressentis et la réalité des faits. **Les choses sont comme elles sont, et non pas comme nous les voulons ou les imaginons.**

Cependant, **la multiplicité et la régularité de certains faits perceptifs nous permettent de converger vers un modèle naturel existant.**

C'est le cas par exemple avec la perception de la motilité par des mains pensantes et entraînées.

Nous pensons que **la perception de la motilité est fortement corrélée, voire définie pleinement, ce qu'on peut appeler la vitalité tissulaire.**

C'est une spécificité qui est majeure dans le diagnostic et le traitement de l'ostéopathe.

"il existe au niveau du viscère une mobilité vécue, active, qui résulte d'une faculté motrice intrinsèque de sa structure que nous dénommons "motilité. Le viscère se mobilise par ses propres moyens [...] Cette motilité perceptible à la main demande une grande éducation du toucher" (Barral J.P. "manipulations viscérales 1") [6]

-La rénitence.

C'est la résistance à la pénétration. La difficulté d'aller en profondeur sur un champ tissulaire donné.
"Capacité pour tout corps, tout solide (organes et peau en médecine) à résister à la pression." (Dictionnaire de l'académie française).

-L'écoute tissulaire.

Terme purement ostéopathique. L'écoute tissulaire décrit le phénomène d'attraction de la main posée sur le corps. Les tissus bougent et nous renseignent sur les zones en dysfonctions. Sur les endroits où les tensions tissulaires sont à leur paroxysme. Poser la main donne une indication sur les zones en souffrance. A traiter ou non.
" [le test d'écoute] consiste à poser la main sur n'importe quelle région du corps pour enregistrer les modifications sous-jacentes éventuelles. La main doit rester tout à fait passive, en état de réception, afin de pouvoir évaluer des mouvements à l'échelle du micron. [...]. La main "colle" aux tissus pour les suivre plus facilement dans leur motilité" [7] (Paoletti S. "Les fascias")
Confère aussi au concept de "main ventouse" de Michèle Dangreau.

-Le core-link.

Terme purement ostéopathique également.

Manoeuvre cranio-sacrale qui évalue l'axe rachidien avec ses liens méningés. En particulier pour évaluer les Whiplash.
"Core-link est un terme anglo-saxon désignant une technique ostéopathique visant à faire un lien entre différents constituants du corps, principalement sur son axe céphalo-caudal" (P.Jouhaud).
Chaque ostéopathe qui le pratique en a probablement sa propre perception. L'objectif perceptif étant de ressentir la présence ou l'absence de synchronisation entre les éléments touchés, ainsi que d'évaluer les niveaux de tensions majeurs sur l'axe central.
Le core-link est probablement un bon outil pour donner un aperçu général de la vitalité physiologique et mécanique du système nerveux central (SNC).

-Le recoil.
Littéralement "mouvement de recul" en anglais, le recoil est l'acte manuel curatif de la technique du L.M.O. (Lien Mécanique Ostéopathique). Il est traduit aussi par "rebond". C'est une gestuelle exercée en général par la deuxième phalange du pouce. Il s'agit de libérer une zone tissulaire considérée comme une lésion primaire ou secondaire.

-Le trust.
Manoeuvre la plus connue dans l'imaginaire populaire. Il s'agit de réaliser des manipulations structurelles aboutissant souvent à un bruit de craquement. On sait aujourd'hui que ce bruit est dû à une libération de gaz au sein de la capsule articulaire.

-L'engramme
Terme neurophysiologique. **L'engramme est la capacité de thésauriser des événements de la vie au niveau cérébral.**
C'est la trace biologique de la mémoire.
Certains ostéopathes et fasciathérapeutes, considèrent que l'engramme peut se faire partout dans le corps, par le biais du tissu conjonctif. Agir sur les zones de tensions conjonctives

pourrait permettre de "désengrammer" certains événements de la vie.
Et combien de fois nous est-il arrivé d'assister à des réactions émotionnelles très fortes, juste en posant une main douce sur une zone cible précise: pleurs, sanglots, fous rires inarrêtables, tremblements incontrôlables etc...
Nous remarquons que des endroits comme le sternum, l'abdomen ou la base crânienne sont des zones sensibles à l'engramme tissulaire.

-La Tenségrité

Si ce terme n'appartient pas à la thérapie manuelle mais au champ lexical de l'architecture, l'ostéopathie s'est beaucoup penchée sur ce mot pour créer des liens entre sensations palpatoires des fasciae et un modèle mécanique dynamique. (Alain GEHIN par exemple). [8]
L'ostéopathe va donc développer un toucher lui permettant de ressentir une architecture vivante où **pressions et tractions sont les forces mécaniques préalables et stabilisatrices du système.**
Voir également les travaux de Robert Schlepp à ce sujet.

-Piézoélectricité et Infra-rouges.
Ces deux termes, appartenant au monde de la physique, sont utilisés par certains ostéopathes pour tenter de décrire les ressentis que nous pouvons avoir à distance de la peau du patient. Une distance de quelques millimètres.
Cela est le fondement du diagnostic thermique manuel par exemple. Cela pourrait aussi expliquer pourquoi certains thérapeutes sont attirés de manière rapide et automatique vers les zones anatomiques en dysfonctions, comme aimantés en quelque sorte.

D'autres termes, souvent des métaphores, sont utilisés dans le vocabulaire spécifique de l'ostéopathie.

"Il peut être éclairant de considérer qu'une part non négligeable du vocabulaire ostéopathique est de l'ordre de la métaphore. Cela ne le relègue pas dans un registre poétique, purement suggestif et sans précision. Le langage métaphorique permet d'exprimer des sensations, des expériences pour lesquelles on ne trouve pas d'autres modalités d'expression. (Jean Marie Gueullette, 2014).

5-Les mains sur l'anatomie

Alors, les thérapeutes manuels se retrouvent avec un sens qu'ils ont hyper développés et dont personne, ou presque, ne parle. Ils doivent poursuivre leur chemin sans pouvoir se raccrocher à pléthores d'études rentrant dans l'Evidence Base Medicine.

Pourtant, ils savent de quoi ils parlent : ils posent leurs mains sur l'anatomie. Anatomie étudiée dans les profondeurs les plus subtiles.

Ils se débrouillent avec ça, avancent dans leurs doutes et leurs intuitions. Font le tri dans leurs perceptions. Et, surtout, choisissent les manipulations qui leur conviennent le mieux

afin d'obtenir les résultats les plus efficaces possibles.

Accueillir, toucher, diagnostiquer, échanger, traiter.

Alors, nous y sommes : l'ostéopathe se retrouve seul face à sa compétence manuelle, face à sa discrimination exacerbée et continue son bonhomme de chemin.

Le seul objet de la vie professionnelle d'un ostéopathe est celui-ci: **se forger la main.**

Cela est capital et princeps pour pratiquer une ostéopathie de bon niveau.
Notre main est notre outil, le principal est de développer le sens du toucher. Cela est le socle.
La manualité reste la singularité première de l'ostéopathie.

C'est bien ce qui distingue l'ostéopathe de n'importe quel autre thérapeute: sa capacité à diagnostiquer et à traiter avec ses mains.

Être ostéopathe c'est donc, à priori, développer des outils manuels ayant pour objectif de soigner.

Il semble donc inutile d'ajouter des thérapies naturelles complémentaires si nos techniques manuelles ne sont pas efficaces.

Se "forger la main" reste alors la condition sine qua none pour accéder au meilleur niveau ostéopathique.

6-Accueillir différentes techniques manuelles

En simplifiant, nous pouvons dire qu'il existe 3 grandes pratiques ostéopathiques :

1-Structurelle

Elle se divise en une approche à grands bras de leviers, dit **maximaliste HVBA (Haute vélocité Basse Amplitude),** utilisant le trust, et une approche dite **minimaliste**, utilisant le recoil, il s'agit du Lien Mécanique Ostéopathique (LMO) mise au point par **Pascal Chauffour**.

2-Tissulaire

Elle est portée principalement par le courant théorisé par **Pierre Tricot**. Mais elle se nourrit également de l'approche en **fasciathérapie** (méthode **Danis Bois** principalement).

3-Biodynamique

Elle comprend plusieurs écoles. L'objectif est d'aller vers un **relâchement du système nerveux central** afin de favoriser les mouvements internes et donc la vitalité globale.

On peut grossièrement dire que l'approche manuelle se fait de plus en plus légère en partant de la pratique structurelle, très dans la matière, jusqu'à la pratique biodynamique où la main se trouve à la superficie des téguments. L'approche tissulaire étant dans cet entre-deux.

7-Manualité et association des techniques

Certains ostéopathes vont donc se spécialiser dans une des 3 approches et utiliser préférentiellement, voire exclusivement, un seul type d'approche.

D'autres vont piocher dans 2 ou 3 approches.
C'est donc le début de l'intégrativité: s'approprier plusieurs outils et donc plusieurs points de vue. Il n'y'a alors pas de règle écrite.

Le seul élément qui "valide" l'appropriation de telle ou telle approche est **la capacité de l'ostéopathe à utiliser ces outils de manière confortable, cohérente, intègre et logique, perceptivement parlant.**

Avec la pratique, l'ostéopathe constate ce qui lui donne le plus de résultats cliniques.

Il faut en priorité se focaliser sur ses mains et savoir trouver l'(es) approche (s) manuelle (s) qui nous correspond(ent). Cela peut déjà prendre plusieurs années.

Techniques structurelles maximaliste (HVBA), minimaliste (LMO),approche tissulaire, biodynamique, énergétique...

Le travail de l'ostéopathe en devenir est, avant toute chose, de trouver son chemin ("paith") dans le dédale des propositions de techniques manuelles. Et, pour ce faire, il faut être attentif au confort et à la facilité que l'on a vis-à vis des différentes propositions existantes.

Nous l'avons vu, il existe 3 grands courants de techniques ostéopathiques.

Il est tout a fait possible de se spécialiser dans une seule. Et c'est d'ailleurs probablement la voie à suivre lorsque l'on se sent très à l'aise avec une de ces techniques. La creuser dans sa profondeur, la pratiquer, la réfléchir et l'utiliser.

Il n'y'a bien évidemment aucune obligation à mélanger plusieurs techniques lors de ses soins. Mais nous sommes tous différents...

Et c'est bien la particularité de l'ostéopathie où : **"la thérapie c'est le thérapeute"**.

C'est au thérapeute de trouver les techniques manuelles qui lui conviennent le mieux, qui prodiguent les meilleurs résultats cliniques.

N'oublions pas que **le sens du toucher** (à l'instar des 4 autres sens) est relié au système nerveux central et **corrélé de manière ténue à notre propre histoire de vie,** à nos expériences et nos apprentissages. C'est une sorte de norme intime qui nous appartient.

Certains se sentent donc la capacité de naviguer entre différentes techniques.
Alors il devient intéressant d'intégrer ces différentes techniques à sa routine de soin. Peut-être que l'objectif est de pouvoir répondre au mieux à chaque patient qui arrive.

Peut-on traiter un nourrisson, un adulte en pleine fleur de l'âge, une personne âgée, un sportif de haut niveau, une personne hypersensible avec la même approche manuelle ? La question est posée.

En tous cas, si l'ostéopathe se sent compétent pour intégrer plusieurs approches ostéopathiques afin de s'adapter à chaque patient alors qu'il le fasse !

On peut très bien mélanger du structurel, du tissulaire et de la biodynamie dans une même journée avec 10 patients différents.

Voir même mélanger ces techniques sur une seule et même personne.
Il n'y'a pas de limites.
"*Seuls les tissus savent*". Seules les mains du thérapeute et les réactions du patient donnent le "*La*".

La seule conclusion de cela est que **chaque praticien doit pouvoir librement suivre son propre chemin pour accéder à ses ressentis les plus fins et les plus efficaces**. L'objectif sera d'être le plus précis possible avec chaque patient qu'il aura en consultation.

"Pour connaître le patient, le praticien doit se connaître lui-même" (Viola Frymann).

"Ne singez jamais vos professeurs, appropriez-vous vos propres techniques" (Gérard Cazanave).

Notre credo: *" la puissance dans la douceur"*.

L'utilisation de techniques dites douces (ostéopathie tissulaire, crânienne, viscérale, points de pression, massage etc...) associée à des thérapies complémentaires que l'on décrit par la suite, permet une action redoutable sur de nombreux maux. Toujours dans le respect des tissus.

4-Interdisciplinarité en ostéopathie

1-Intégrer, à part entière, l'ostéopathie dans le système de soin

C'est quelque chose qui existe déjà, mais qui est plutôt officieux. C'est à dire que si l'ostéopathe, possède le réflexe, l'éducation, la nécessité médicale, parfois, de renvoyer certains de ses patients vers les médecins, les kinésithérapeutes, les Sage-femmes ou les podologues, l'adressage inverse se fait également quotidiennement en France.

Les médecins généralistes et certains spécialistes prescrivent des séances d'ostéopathie à leurs patients. J'en recense pour ma part une centaine entre 2021 et 2023.
Cela se voit de plus en plus souvent.
Bien sûr, cela n'a pas de sens administratif ou légal comme une prescription d'actes de kinésithérapie ou d'actes d'infirmiers par exemple. Il n'existe pas de remboursement par la sécurité sociale d'acte d'ostéopathie, il n'y'a pas besoin d'ordonnances pour consulter un ostéopathe.
En revanche cela apporte deux éléments essentiels :
-D'abord que le patient concerné est conseillé directement par son médecin traitant pour pratiquer de l'ostéopathie en lien avec l'affection qu'il éprouve. Que l'ostéopathie est donc un outil adéquat pour ce symptôme.
-Deuxièmement que les médecins traitants travaillent quotidiennement et en direct avec les ostéopathes autour de chez eux.

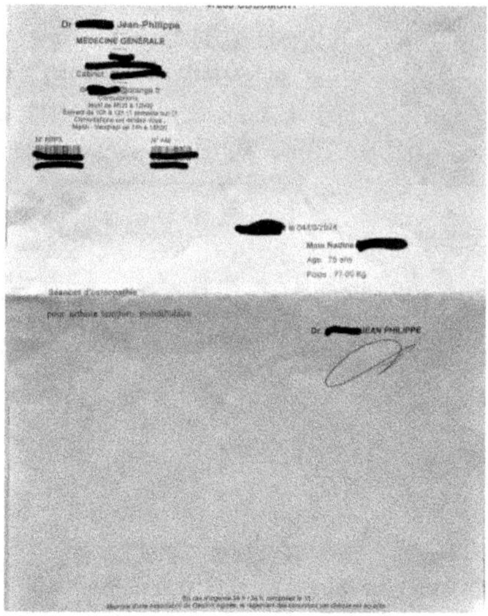
Dr Jean-Philippe
MEDECINE GENERALE
Cabinet
Age: 75 ans
Poids : 77.00 Kg
Séances d'ostéopathie
Dr JEAN PHILIPPE

L'interdisciplinarité de terrain (de ville pourrait-on-dire), se fait donc déjà.

Pour que cet échange se passe bien, il faut aussi réfléchir sur nos habitudes.

Un interne en médecine générale me confiait que chaque jour il était confronté à ce type d'échange: "mon ostéopathe (ou mon naturopathe) m'a dit de faire telle analyse et telle imagerie", ce qui avait le don de le mettre en porte à faux et aussi en colère ! Normal puisqu'il s'agit de thérapeutes qui dépassent leur champ de compétences...

A minima, l'échange est nécessaire entre les thérapeutes. Sinon c'est le patient qui risque d' en pâtir. Ainsi que les relations confraternelles. Si l'ostéopathe considère que telle imagerie serait intéressante pour le patient, alors il faut qu'il contacte le médecin concerné: en direct, par envoi d'un mail ou par contact du secrétariat médical pour parler de cette proposition thérapeutique.

En effet, quelle peut-être la réaction d'un médecin face à une affirmation dont il n'est pas sûr? En parallèle, quelle peut-être la réaction de l'ostéopathe si son patient lui assène " mon naturopathe m'a dit que ma L3 était bloquée, il faut que vous la débloquiez".

Enfin, concernant l'intégration de l'ostéopathe dans le système de soins, certains se pose la question de la pertinence de l'utilisation du carnet de santé.[9]

2-Formations et informations

Il manque probablement une formation, à minima, pendant les études médicales, à propos de l'ostéopathie : sa définition, ses indications et contre-indications.
A l'heure actuelle, les médecins découvrent l'ostéopathie par retour de leurs patients ou par leur propre expérience de malade ayant eu recours à cette thérapie manuelle.

A l'inverse, **des stages chez un kiné, un médecin généraliste, un chirurgien orthopédique etc...ou, encore mieux, à l'hôpital dans différents services, ne serait pas superflus pour l'ostéopathe...**

Cultiver l'interdisciplinarité c'est cultiver la curiosité de ce que fait l'autre et mettre le patient au centre du soin pluridisciplinaire.

C'est dans l'air du temps et, de surcroît une nécessité dans notre système de santé actuel : il faut mutualiser les compétences !

La médecine intégrative c'est, avant tout, favoriser l'interdisciplinarité. C'est à dire faire profiter un patient des compétences additionnés de différentes disciplines. Par exemple accompagner un patient polytraumatisé par la chirurgie, la kiné, l'ostéopathie et la micronutrition. Accompagner un patient souffrant d'effets secondaires dus à une chimiothérapie par de la phytothérapie, de la psychologie et de l'acupuncture.

Les exemples sont multiples.

L'ostéopathe, en France, est reconnu comme un professionnel à usage de titre. A l'instar des psychologues, psychothérapeutes et des chiropracteurs. **Il n'est pas considéré, aujourd'hui, par le code civil, comme un professionnel de santé.**

Cependant, l'ostéopathie est déjà bien présente dans le paysage du soin hexagonal.

Les échanges interprofessionnels (médecin, chirurgien, dentiste, sage-femme, orthophoniste, podologue, kinésithérapeute, psychologue...) sont monnaie courante et se développent de manière exponentielle.

Les professionnels de santé constatent l'intérêt d'intégrer l'ostéopathie dans le parcours de soin de certains de leur patient et ont adopté un réflexe "ostéopathe" quand ils le sentent nécessaire.

Ce réflexe n'est pas un phénomène de mode, mais bien une constatation factuelle des effets bénéfiques de l'ostéopathie.

L'interdisciplinarité se développe donc, mais de manière plutôt empirique. En effet, lorsqu'un médecin généraliste prescrira/conseillera régulièrement de l'ostéopathie pour ses patients, son collègue de cabinet pourra y être complètement réfractaire. Également les liens qui se créeront entre un professionnel de santé et un ostéopathe seront très expériences dépendantes.

Enfin, la localisation du cabinet de l'ostéopathe aura un impact important sur les échanges pluridisciplinaires.

Exerce-t-il au sein d'une Maison de Santé Pluridisciplinaire? A la campagne? Au sein d'une mégapole? [10]

Ce qui est certain, c'est que **l'interdisciplinarité a pour objectif de s'articuler autour d'un patient.** En cela, c'est une condition importante dans l'approche intégrative.

Chacun apporte ses compétences pour un cas clinique donné. Des compétences bien définies pour une symptomatologie établie.

Quels sont les domaines particuliers où l'ostéopathe peut être amené à travailler avec d'autres professionnels?

Et bien, puisque l'ostéopathie s'intéresse à tous les systèmes physiologiques, alors l'intérêt de son intégration touchera potentiellement toutes les spécialités médicales.

5-Intradisciplinarité en ostéopathie

1-Definition

Il s'agit là d'intégrer à la pratique ostéopathique classique, d'autres thérapies complémentaires.

Intégrer d'autres thérapies à l'ostéopathie peut se faire de deux manières:

En multipliant soi-même les casquettes thérapeutiques : INTRAdisciplinarité

En multipliant les acteurs de soin autour du patient : INTERdisciplinarité

Les deux façons d'aborder l'ostéopathie intégrative n'étant ni contradictoire ni antinomique. Bien au contraire, elles sont complémentaires.

2-Intégration d'autres thérapies naturelles.

Grâce à des formations complémentaires (sanctionnées par des Diplômes universitaires ou des certificats par exemple), tout ostéopathe peut se former à d'autres pratiques thérapeutiques. A noter qu'il est plus facile d'intégrer des D.U et D.I.U lorsque l'on est déjà professionnel de santé. Sinon, il faut passer par la case: "formation privée".

En intégrant dans ses soins (manuels ou conseils) d'autres thérapies complémentaires au cabinet, l'ostéopathe rentre donc dans une démarche d'Intradisciplinarité. **Il étoffe sa boîte à outils dans un but d'individualiser au mieux la thérapeutique prodiguée.**

Dans cet ouvrage, nous proposons 4 outils complémentaires : Le Massage,La Cupping-thérapie (ventouses), la phyto-aromathérapie et la Micronutrition (compléments alimentaires).

L'outil palpatoire d'abord !

Cette proposition de mélange de thérapeutiques se veut comme une complémentarité à l'ostéopathie et non pas l'inverse. L'ostéopathie est le socle de notre traitement, les thérapies naturelles des compléments.

Il nous faut utiliser des outils compréhensibles à l'échelle individuelle. Que l'ostéopathe s'approprie des techniques avec lesquelles il se sente légitime, confortable et efficient.

3-Tendre vers l'intradisciplinarité

Les premiers suppléments thérapeutiques utilisés par les ostéopathes ont d'abord été les outils des médecines orientales, en particulier la Médecine Traditionnelle Chinoise. De nombreux ostéopathes se sont intéressés à ces médecines holistiques qui apportent des outils de lecture riche dans la vision globale de l'individu. (André Ratio, Pascal Chauffour).

Il y'a aussi un domaine dont de nombreux ostéopathes se sont emparés. Il s'agit de la micronutrition et de l'alimentation santé. En particulier avec les enseignements des Dr Kousmine et Seignalet. (Gerard Cazanave, Philippe Bolet, France Marc Martin).

Certains se sont aussi beaucoup intéressés à la médecine chamane.

L'ostéopathie ayant été apportée par les masseurs-kinésithérapeutes en France, le massage était certainement utilisé également lors des séances.

Quel que soit le domaine abordé, ce qui est sûr, c'est que les ostéopathes précurseurs en France sont allés piocher dans d'autres thérapies naturelles.

Ils les ont intégrés ou rejetés. Certains se recentrent uniquement sur l'outil-main.

En tous cas, cela montre une curiosité majeure dans la recherche de la globalité de tout un chacun.

Avec l'explosion de maladies chroniques dans notre monde actuel, il semble sensé de vouloir s'intéresser à des domaines thérapeutiques complémentaires à l'art manuel ostéopathique.

La main peut beaucoup, énormément, passionnément...mais elle possède ses limites.

Limites que l'on découvre lorsque nous nous trouvons face à une pathologie à l'origine surtout métabolique (Hyperpermeabilite intestinale, candidose, N.A.S.H., diabète, obésité sevére, crises d'arthrose chroniques...).

C'est là que se trouve **la place du verbe :** conseils d'hygiène de vie, rééquilibrage alimentaire, prise de compléments alimentaires ou de phytothérapie.

Les avancées scientifiques actuelles nous donnent les clefs pour comprendre et utiliser les besoins dans certaines pathologies.

Nous pouvons alors nous pencher dessus et utiliser ces outils lors de nos consultations.

La main restera toujours notre socle diagnostic et thérapeutique. Mais **lorsque la thérapie manuelle ne suffit plus, il est intéressant de posséder les connaissances pratiques permettant d'optimiser cette thérapie.**

Alimentation santé, micronutrition, phytothérapie, hypo-inflammation, cupping-thérapie, dry-needling, sont des domaines auxquels nous pouvons alors nous intéresser.

C'est le fondement donc de l'intradisciplinarité en ostéopathie. Une partie de ce qu'est l'ostéopathie intégrative.

C'est tout l'objet de cet ouvrage.
En outre, l'ostéopathie intégrative que nous pratiquons au quotidien est soutenue par ce crédo qui est "la puissance dans la douceur". Le respect du tissu, le respect du patient.

Les outils naturels thérapeutiques complémentaires

A] La main: Les tissus mous gouvernent les articulations.

Physiologiquement, **ce sont les structures myo-capsulo-ligamento tendineuses qui maintiennent les articulations dans une position lésionnelle**. Agir sur ces dernières, permet un équilibrage tissulaire dynamique fluide, de l'unité articulaire, sur le long terme. Il parait alors préférable d'agir sur celles-ci, plutôt que de forcer l'articulation à retrouver une position éphémère.
Cela ne relègue pas le trust à une manipulation inutile, au contraire, elle peut-être essentielle ! Cependant, nous pensons que pour rendre pérenne une manipulation structurelle, en particulier au niveau de la colonne rachidienne, il est bon d'équilibrer, au mieux, tractions et compressions tissulaires dans l'environnement direct d'une unité articulaire.

En cela, le massage et la pose de ventouses sont des outils parfaitement adaptés.

1-Le massage

Si l'ostéopathie a pour objectif de redonner de la mobilité, d'assouplir les tissus et d'ouvrir les "vannes vasculaires", alors il existe un outil manuel qui accomplit ces objectifs : le massage thérapeutique.

Le massage... Quelles connotations peut-on lui apporter ? Papouillage, bien-être, caresse, sensualité...

Ici, rien de tout ça! Nous parlons de massage thérapeutique. C'est à dire d'un outil de soin manuel qui est effectué avec des mains sachantes.
Le masseur thérapeutique connaît l'anatomie et effectue ses gestes à escient.
Le massage est souvent mis de côté chez la plupart des thérapeutes manuels. Pourtant **il possède d'immenses vertus tant du côté physiologique local que du côté physiologique global.** Détendre une zone indurée permet une action tissulaire profonde et, dans le même temps, permet une action globale par le biais du système nerveux central et des aires cérébrales.
C'est aussi un moment privilégié de détente profonde (relargage de dopamine, serotonine, ocytocine...)
Certaines études mettent en avant la capacité du massage préventif à diminuer les contractures musculaires post-exercice physique chez les sportifs [11]

D'autres mettent en avant l'impact psychologique positif du massage en utilisant des marqueurs comme la diminution de la tension artérielle, l'anxiété ou la fréquence cardiaque. [12]

Dans l'ouvrage (ancien!) de Gustaf Norström, "action physiologique du massage" , le docteur en médecine présente ses expérimentations sur l'impact vasculaire majeur du massage. [13]

Enfin, **le massage fait partie des recommandations, en 2023, de l'OMS pour la prise en charge non chirurgicale de la lombalgie primaire chronique chez les adultes.**

Tableau 1: Recommandations de l'OMS pour la prise en charge non chirurgicale de la LPC chez l'adulte dans le cadre des soins communautaires et primaires.

Intervention par catégorie	Recommandation *(force, direction et certitude des données probantes)*
A: ÉDUCATION	
A.1 Éducation et/ou conseils structurés et normalisés	Des interventions structurées et standardisées d'éducation et/ou de conseil peuvent être proposées dans le cadre des soins aux adultes, y compris aux personnes âgées, atteints de LPC. *(recommandation conditionnelle en faveur de l'utilisation, données probantes de très faible certitude)*
B: INTERVENTIONS PHYSIQUES	
B.1 Thérapies ou programmes d'exercices structurés	Une thérapie ou un programme d'exercices structurés peut être proposé dans le cadre des soins aux adultes, y compris les personnes âgées, atteints de LPC. *(recommandation conditionnelle en faveur de l'utilisation, données probantes de faible certitude)*
B.2 Thérapies par aiguilles (médecine traditionnelle chinoise, acupuncture et autres modalités d'aiguilles sèches)	Les thérapies par aiguilles telles que l'acupuncture peuvent être proposées dans le cadre des soins aux adultes, y compris les personnes âgées, souffrant de LPC. *(recommandation conditionnelle en faveur de l'utilisation, données probantes de faible certitude)*
B.3 Thérapie manipulative de la colonne vertébrale	La thérapie manipulative de la colonne vertébrale peut être proposée dans le cadre des soins aux adultes, y compris les personnes âgées, atteints de LPC. *(recommandation conditionnelle en faveur de l'utilisation, données probantes de très faible certitude)*
B.4 Massage	Le massage peut être proposé dans le cadre des soins prodigués aux adultes, y compris les personnes âgées, atteints de LPC. *(recommandation conditionnelle en faveur de l'utilisation, données probantes de très faible certitude)*
B.5 Traction	La traction ne doit pas être utilisée dans le cadre des soins de routine pour les adultes, y compris les personnes âgées, souffrant de LPC. *(recommandation conditionnelle contre l'utilisation, données probantes de très faible certitude)*
B.6 Ultrasons thérapeutiques	Les ultrasons thérapeutiques ne doivent pas être utilisés dans le cadre des soins de routine pour les adultes, y compris les personnes âgées, atteints de LPC. *(recommandation conditionnelle contre l'utilisation, données probantes de faible certitude)*
B.7 Neurostimulation électrique transcutanée	La neurostimulation électrique transcutanée (TENS) ne doit pas être utilisée dans le cadre des soins de routine pour les adultes, y compris les personnes âgées, souffrant de LPC.

A.T. Still, dans ses ouvrages, pestait sur les masseurs qui ne connaissaient rien à l'anatomie et qui lui semblait plus délétères que bénéfiques. Mais lorsqu'un ostéopathe, détenteur d'une connaissance approfondie de l'anatomie pose ses mains sur l'organisme, alors la chose est différente.

Masser de manière thérapeutique, c'est à dire rentrer dans les tensions profondes, relâcher les structures anatomiques fines, les tissus mous, les ligaments, tendons, muscles peri-articulaires, capsule, enthèses...cela amène une action corporelle profonde, qui peut tout à fait se complémenter à nos techniques manuelles ostéopathiques classiques.

Le massage, non enseigné en école d'ostéopathie, est pourtant une arme redoutable dans l'arsenal thérapeutique d'un thérapeute manuel.

Probablement encore plus dans les pathologies de nos civilisations modernes où de nombreux patients développent

des symptômes sur un terrain de stress ou d'anxiété. Le massage thérapeutique détend en profondeur.
Nous y reviendrons dans le chapitre "hypo inflammation".

Si l'on a l'envie et la facilité de s'en servir, alors il est intéressant de se pencher sur son utilisation.

Nous pensons aussi que **masser régulièrement participe fortement à l'élaboration du sens du toucher.**
Dis plus simplement : plus on masse, plus on affine ses capacités tactiles, plus on se forge la main.

1-Intérêts du massage en ostéopathie

-Préparation aux techniques ostéopathiques. En détendant les tissus mous, on favorise la micromobilité, par action sur les structures périarticulaires.
-Action sur la microcirculation locale et générale.
-Outil diagnostic supplémentaire : zones de tensions, de sclérose, de rénitence, liquidienne etc...vont être perçues de manière différente avec ce "fondu-enchaîné" palpatoire, différent des techniques diagnostiques ostéopathiques classiques.
-Affine la perception tactile du thérapeute. Par voie de conséquence agit sur son outil thérapeutique.
-Action forte et profonde sur des maladies de civilisation : stress, anxiété, angoisse.
-Alternative pour certains patients (qui n'arrivent pas à se détendre, qui sont à fleur de peau...). Parfois une séance de massage de 20 minutes pourra préparer une séance complète d'ostéopathie le jour ou la semaine d'après. Ou bien, un massage de 5 minutes pourra être un bon préambule ou épilogue au début ou en fin d'une séance.

2-Les 6 techniques du massage :

-Pressions glissées superficielles.
Souvent qualifiées d'introduction, de syntonisation, ce sont des manœuvres superficielles que l'on peut comparer à une caresse. Elles permettent tout simplement de commencer le soin et ne sont pas faites pour durer, dans le cadre d'un massage thérapeutique.
On fait glisser la main sur les téguments de manière superficielle.

-Pressions glissées profondes (utilisation d'un agent glissant).
Ces manœuvres glissées réalisées à l'aide des doigts, de la paume de la main, du poignet, voire des avant-bras ou des coudes, nécessitent un agent glissant. Il est en effet plus aisé de rentrer dans la profondeur anatomique à l'aide d'une huile végétale ou d'un corps gras quelconque.
Manoeuvre reine dans un projet desclerosant, myorelaxant et de détente des tissus mous. **La pression glissée profonde permet de naviguer entre les profondeurs tissulaires**, à la recherche des zones de tensions les plus importantes, que cette dernière nous aidera à faire lâcher.

-Pressions statiques.
Elles sont très complémentaires aux manoeuvres décrites au-dessus. C'est **un appui long qui rentre dans la profondeur des tissus sans mouvement manuel** autre que l'augmentation de la pression sur la zone concernée. Elle se fera avec la paume de la main ou les doigts.
On peut aussi être très punctiforme avec cette technique. Sur des ligaments intervertébraux par exemple ou des tensions fasciales ou musculaires petites et bien délimitées (enthèses, tendons, ligaments etc...). On retrouve ici le principe des trigger-point, des points gâchette, de la digitopuncture chinoise ou de la marmathérapie (digitopuncture ayurvédique). Donc des zones souvent douloureuses que l'ont fait relâcher par pression statique. Cependant, on peut utiliser

une main généreuse pour aider à décontracter une masse sacro-lombaire ou une rénitence sternale par exemple sans provoquer de douleur exquise...
Cette action plus globale va dans le **sens du relâchement et favorise la détente par inhibition des tensions et abaissement de l'activité sympathique.**

-Petrissage.

Ici, on s'adresse principalement à la lutte contre les adhérences.
Le petrissage superficiel ou **palpé roulé**. On effectue un pli de peau que l'on roule entre les doigts. Idéal pour les structures cellulalgiques, c'est également un allié de choix pour **lutter contre les adhérences superficielles**. Cicatrices en particulier.
Le petrissage profond s'adresse surtout aux chefs musculaires et permet une **détente en profondeur des myofibrilles** par action mécanique sur les sarcomères. Manoeuvre de choix après des élongations, claquages ou déchirures cicatrisées par exemple.
Note: La pose de ventouse peut s'apparenter à un pétrissage statique profond.

-Percussions.

Assez marginale, cette manœuvre consiste à taper une partie du corps avec le plat de la main, le poing ou les interphalangiennes. C'est une technique qui aura pour but de **stimuler** une zone. Bien évidemment il faut se maîtriser, l'utiliser à bon escient et surtout avec une force modérée. Le but n'étant pas de faire mal mais de **favoriser le système autonome sympathique.**
Par exemple dans le cadre d'un massage d'échauffement chez le sportif de haut niveau.

-Vibrations.

Encore plus marginale, elle est probablement la technique la plus dure à maîtriser. La vibration consiste en une succession de **pressions statiques associées à un mouvement de tremblement** de la main. Elle sert principalement à aider à mieux glisser lors d'une pression glissée profonde ou lors d'une pression statique.

3-Exemple du massage de la face.

Le massage de la face est un excellent outil de détente des tissus crâniens. En préparation d'une séance sur l'ATM ou lorsque l'on perçoit une glabelle en lésion primaire, des maxillaires très supériorisés, un os temporal ou un frontal en lésion par exemple.
Alors, un massage de quelques minutes suffit à détendre le visage et donc à préparer nos manœuvres ostéopathiques.
La face est une zone anatomique qui se prête bien à cela, que nous touchons au quotidien et où le massage est facile et rapide. Il apporte vraiment une plus-value, d'après notre expérience.

-Déroulement:
On commencera par 4-5 pressions glissées profondes douces, au niveau des muscles temporaux. Pressions antéro-postérieures au-dessus du pavillon de l'oreille et pressions caudo-céphaliques dans la région de la tempe, de la partie supérieure de l'oreille jusqu'aux bosses frontales.

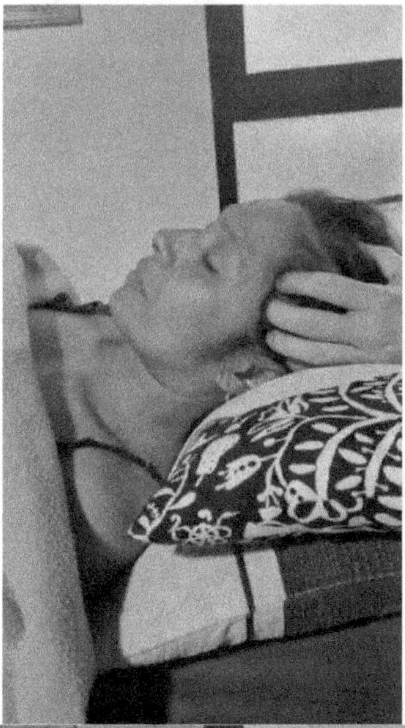

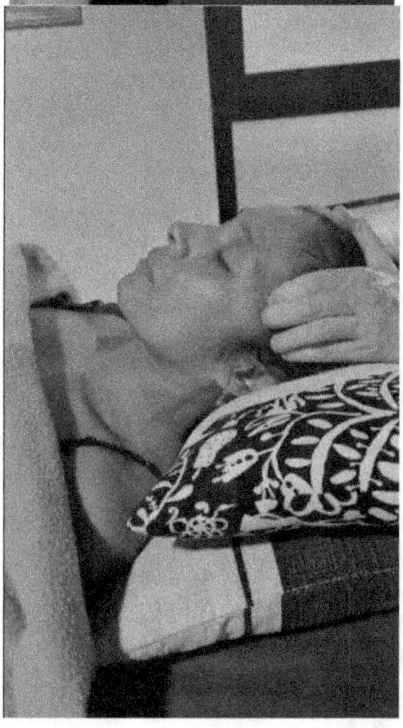

Puis pressions glissées profondes le long des maxillaires supérieurs, de la glabelle jusqu'a la mandibule supérieure.

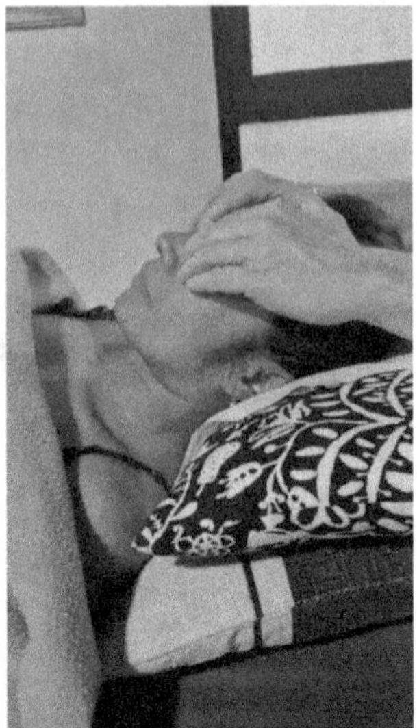

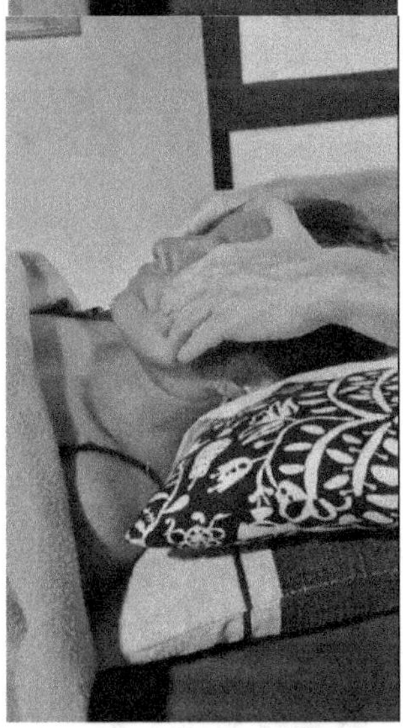

Puis pressions glissées le long du malaire et du zygoma jusqu'au-dessus des ATM.

Puis massages circulaires sur les masséters. On prêtera attention aux réactions du patient sur cette zone sensible où émergent les branches terminales du nerf facial.

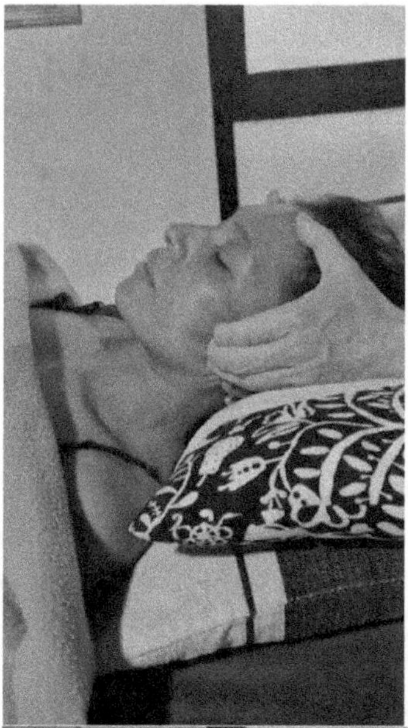

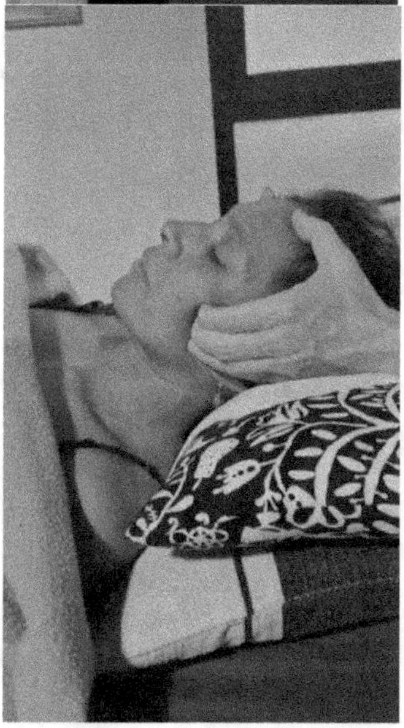

Puis pressions glissées le long de la mandibule (on fera attention à l'émergence de V3). De la symphyse mentonnière jusqu'à l'angle.

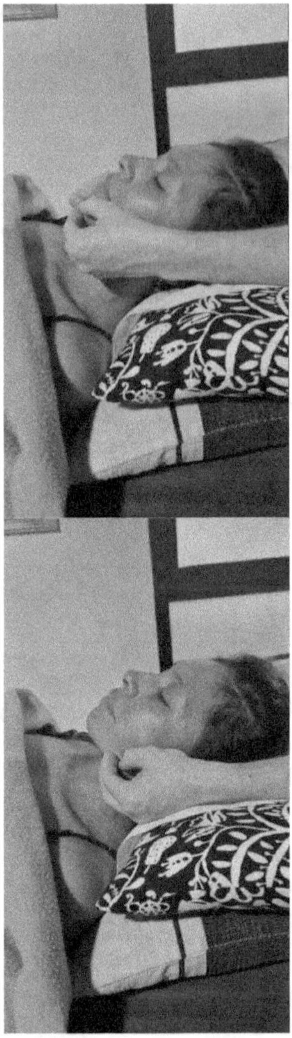

Enfin on pourra terminer par des pressions glissées sur l'os frontal, de la suture métopique vers les tempes. Du bas vers le haut.

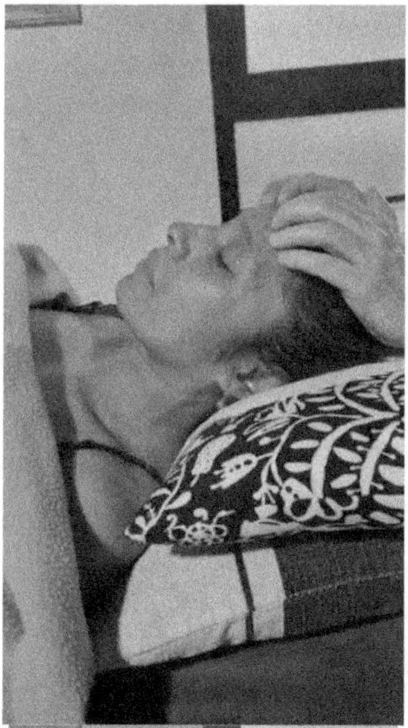

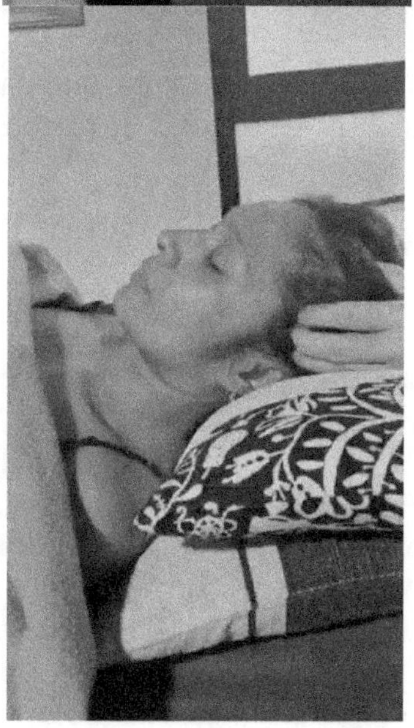

Executé à une vitesse normale, sans se presser, ce massage prend environ deux minutes de temps.

Deux petites minutes qui peuvent parfois vraiment apporter une grande différence dans les gestes thérapeutiques ultérieurs.
Cela prend peu de temps et la portée thérapeutique minimale sera toujours une détente globale de la personne, une mise au parasympathique, toujours utile dans nos soins. (voir à ce sujet “le masque émotionnel” en formation LMO).
La portée maximale sera une vraie plus-value dans l'introduction de nos manœuvres ostéopathiques crânio-faciales.

4-Le massage du rachis.

Le massage du rachis est un outil qui possède de nombreuses vertus et qui peut être utilisé très souvent dans nos cabinets, **les maux de dos étant les motifs de consultation les plus récurrents.**
En effet, si l'on est dans un projet global anatomique, en considérant l'unicité de la colonne rachidienne, alors on conçoit aisément que détendre chaque fibre musculaire, chaque fascia, quel que soit l'étage travaillé, aura une répercussion notable sur toute la chaîne ostéo-myo-tendineuses.
En clair, réaliser des ponçages, des pressions glissées profondes sur des muscles intervertébraux, sur des épineuses **et travailler en profondeur tout le hauban musculaire postérieur, ne pourra qu'apporter une détente profonde à toute la pièce rachidienne** (cf la notion de tensegrité).
En préparation plutôt, ou voire après une manipulation ostéopathique, ce massage, qui ne peut prendre que 3-4 minutes pendant la séance, ne présente que des avantages.
Que ce soit concernant la préparation d'une manipulation HVBA, une manipulation tissulaire, un recoil, ou un travail en

biodynamie. Redonner de la plasticité, de la vitalité à tout cet ensemble tissulaire ne pourra qu'affiner notre manipulation.
Une unité fonctionnelle défaite en partie de ses compensations ne pourra que nous ouvrir encore plus les voies de la recherche et du traitement de la cause structurelle plus profonde.
On utilisera un agent glissant de préférence, mais cela n'est pas une obligation.

-Déroulement:

-L'ostéopathe est situé sur un côté du patient, le patient est en position procubitus.
On part du milieu du dos, en interscapulaire. Par des **pressions statiques mobiles horizontales qui cherchent à décoller les muscles paravertébraux de leurs attaches transverses**. On applique donc un ou deux pouces perpendiculaires aux épineuses, puis **on tente de récliner les attaches, du médial vers le latéral.**
On monte et/ ou on descend le long de la colonne en fonction du ressenti. On insiste sur les zones les plus adhérentes et rénitentes.
1 à 2 minutes

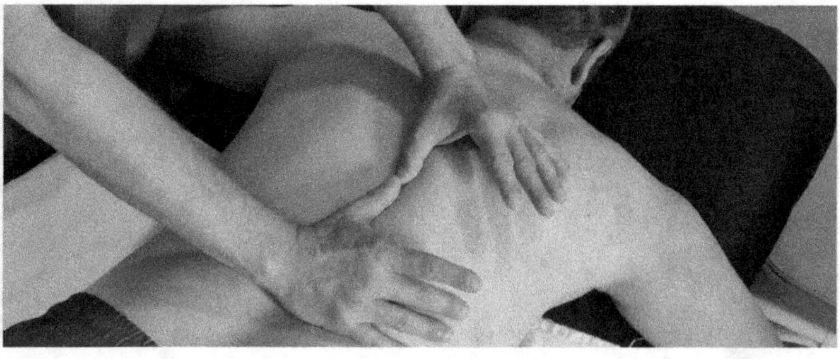

-On effectue des **pressions glissées au niveau des muscles paravertébraux**. Les deux mains à plat, une qui monte d'un côté, l'autre qui descend. De la région des dorsales hautes

jusqu'à la crête iliaque et de la crête iliaque jusqu'à la région des dorsales hautes On perçoit alors bien, dans ce “fondu-enchaîné” palpatoire, les zones les plus souples et celles les plus denses.
On insiste alors sur les plus denses.
Une dizaine d'allers-retours.

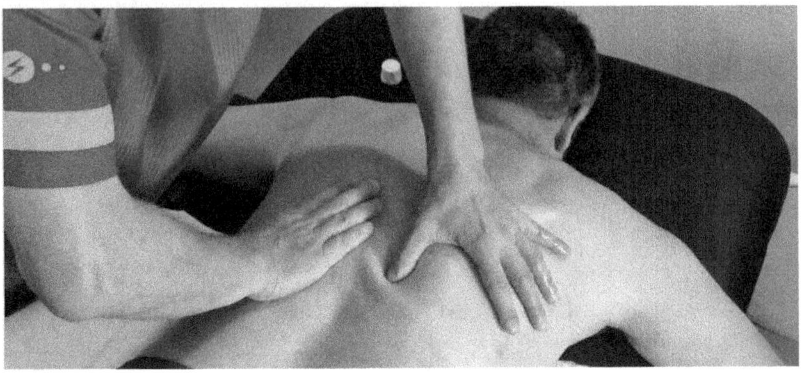

-On continue les **mêmes pressions glissées en se positionnant à la tête du patient.** Les mains se dirigent ensemble vers le caudal, de la première vertèbre thoracique jusqu'aux crêtes iliaques. On peut, à l'arrivée du bassin, étendre notre mouvement en latéral, en pensant au fascia ilio-lombaire que l'on souhaite détendre.

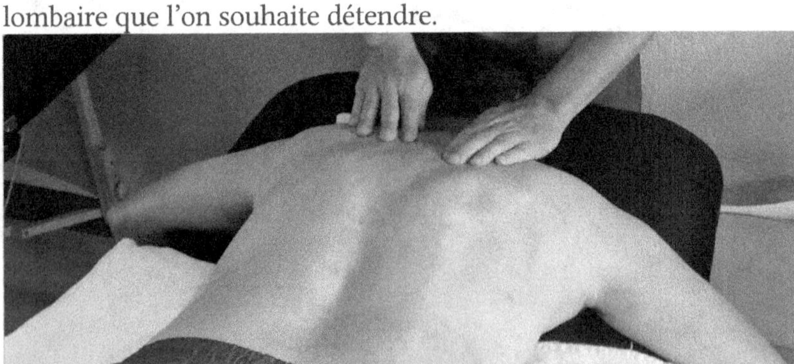

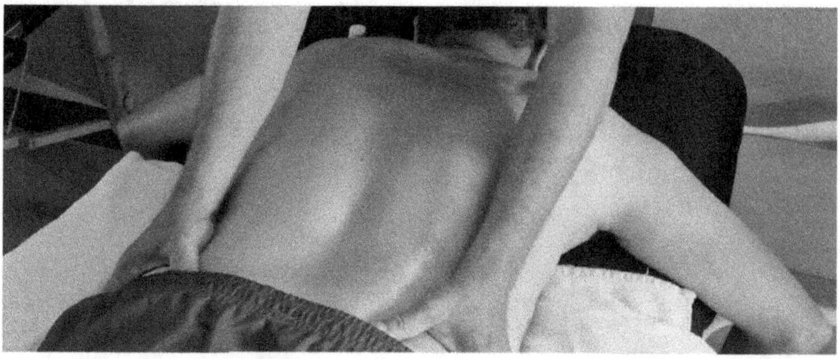

-On réalise ensuite des **pressions glissées profondes au-dessus des épines de l'omoplate,** puis on part de l'acromion pour suivre le trajet des trapèzes, que l'on englobe généreusement dans nos premières commissures, jusqu'à la base du crâne (mastoïde et occiput).

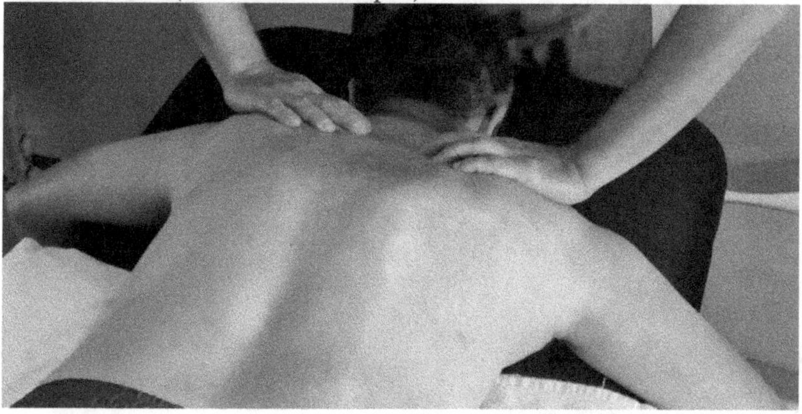

-On peut finir ensuite par des **pressions glissées profondes plus légères, tendant vers des pressions glissées superficielles, du médial vers le latéral au niveau du grill costal**. Toujours en mêlant écoute et traitement. C'est à dire que l'on reste à la découverte de zones éventuelles de tensions et que l'on continue à se positionner dans ce projet de détente de tout le rachis. Observer par les mains, écouter, palper plus

ou moins profondément dans ce fondu-enchaîné diagnostico-thérapeutique.
On engrange des informations pour le traitement manuel qui va suivre et en même temps on prépare le terrain par une action tissulaire profonde.

Après ce massage, dans ma pratique, soit j'applique des ventouses si je trouve cela nécessaire (rénitences importantes sur certains endroits), soit je demande au patient de se mettre sur le dos pour débuter le traitement et le bilan ostéopathique classique.

A noter qu'il me semble essentiel de posséder une **table évidée avec un trou pour le visage** lorsque l'on masse le rachis en position procubitus. Sinon la rotation du rachis cervical va entraîner tout le rachis haut avec lui, ce qui peut biaiser les sensations manuelles ici et, surtout, c'est une position vite inconfortable pour tout un chacun, donc encore plus pour nos patients souffrants.
Je vous conseille également de positionner systématiquement un **coussin sous l'abdomen** pour réduire la concavité lombaire et éviter des gênes éventuelles.
Enfin, **un coussin sous les cous de pied** sera aussi bienvenu pour détente les ischio-jambiers et donc le bassin.

5-Le massage abdominal global.

Un abdomen doit être souple, mobile, motile et indolore.
Lorsqu'il y'a congestion, de l'hypogastre par exemple ou bien immotilité globale de l'abdomen, alors il est intéressant de réaliser un massage global des 6 quadrants afin de favoriser notre diagnostic et notre traitement.
On utilisera un agent glissant dans ce cas et on pratiquera un massage circulaire simple dans le sens horaire, dans le sens du transit colique donc. Par ces pressions glissées, on partira de la

superficie vers la profondeur, manœuvre après manœuvre. Pendant 3-4 minutes cela dépendra de chacun.
Il est intéressant, hors période estivale, d'appliquer une bouillotte chaude sur l'abdomen après.
On peut allez travailler d'autres zones pendant la pose de la bouillotte, comme le crâne ou le bassin par exemple.

-On partira de l'endroit le plus souple.
Par exemple sous costal gauche, puis flanc gauche, FI gauche, hypogastre/ombilic, FI droite, flanc droit, hypochondre droit.
On répète ce cercle, on peut aller dans le sens anti-horaire si on en ressent le besoin.
Dans un cas "d'abdomen paresseux", il est toujours bon d'aller vérifier la zone sternale et de la travailler si nécessaire. Cela pourra donner encore plus de poids dans ce projet de détente viscérale, grâce, en particulier à notre action sur le nerf vague.
Note: Voir à ce sujet l'annexe " les bruits viscéraux" en fin d'ouvrage.

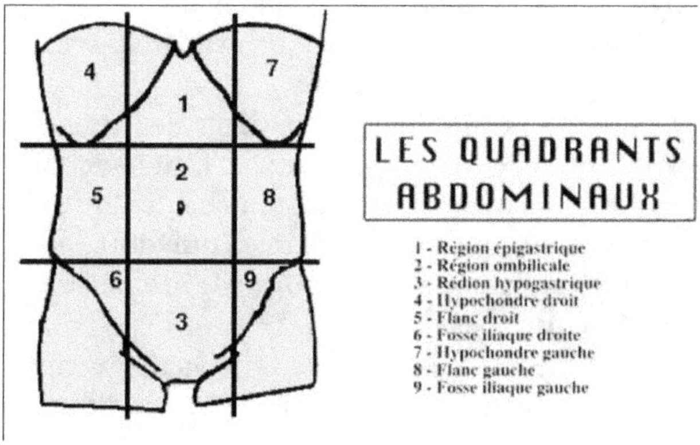

6-Le massage des enthèses

Une enthèse est la confluence entre le tendon et son insertion osseuse. **On parle d'unité "muscle-tendon-enthèse"**
C'est une sorte de **transition mécanique entre les tissus mous et les tissus durs**.
Issu du mot grec ancien « enthesis », *enthèse* désigne le territoire d'insertion dans l'os, des ligaments, des tendons et des capsules.
Histologiquement unique, **l'enthèse est un fondu-enchaîné**, sur une surface minuscule (moins de 1 mm2), **de fibres de collagènes, fibrocartilage non-calcifié, fibrocartilage calcifié, puis os**.
Donc des sensations tactiles multiples sur une toute petite surface.
A noter que les fibres membraneuses se poursuivent au sein de l'os grâce aux fibres de Sharpey.
C'est une zone sensible chez tout le monde. Ce sont souvent des points gâchettes (trapèze sous-occipital, partie scapulaire de l'angulaire (élevateur de l'omoplate), insertion des épicondyliens latéraux, insertion du court péronier latéral sur la styloïde du 5eme métatarsien etc...).
C'est une singularité mécanique qui mérite de l'attention.
D'un point de vue biomécanique et histologique, on se retrouve dans un endroit extrêmement restreint de **multiplicité cellulaire et tissulaire, qui doit supporter une élasticité et une plasticité importante entre le mou, le rigide et le dur**.
Masser les enthèses, c'est être dans le lieu principal pour préparer une zone anatomique à des manœuvres ostéopathiques.
Nous remarquons qu'agir sur les enthèses produit, la plupart du temps, un relâchement des fibres musculaires proximales reliées.

7-Le massage thérapeutique

Il s'agit d'un **massage à visée symptomatique ciblé.** L'objectif est de détendre en profondeur les petites structures anatomiques, en particulier les zones périarticulaires : tendons, ligaments, enthèses.

L'idée étant qu'en redonnant de la souplesse, de la plasticité et de l'élasticité aux petites structures, on agit sur les grands segments.

Par exemple une zone péri-vertébrale fixée. En détendant toutes les petites structures par des pressions glissées profondes, des pressions statiques, de points de pression, on redonne la capacité à cet étage vertébral de se réintégrer dans l'architecture dynamique de toute la colonne rachidienne.

C'est aussi agir en profondeur sur les chefs musculaires ou les muscles lisses abdominaux.

Le massage thérapeutique c'est redonner de la place à la tenségrité.

On peut également appliquer cette définition pour un massage des membres inférieurs ou bien abdominal.

L'idée étant de diminuer au maximum les tensions tissulaires quel que soit la zone anatomique massée. Relancer la vitalité.

Et ce qui est fort avec l'approche manuelle profonde, c'est que l'on ressent bien, entre le moment de diagnostic et le moment post traitement, l'action sur la plasticité des tissus: les zones de rénitence diminuent de manière importante ou disparaissent.

C'est exactement ce que l'on va ressentir avec l'application des ventouses : on palpe des zones rénitentes, indurées, plastiques, on applique les ventouses plusieurs minutes sur ces zones, puis lorsqu'on les enlève, notre toucher palpatoire sera tout à fait différent. Une possibilité de glisser sur les tissus, de rentrer dans les profondeurs sera possible, alors qu'elle ne l'était pas avant la pose.

Le massage dit thérapeutique, qui s'attache à la recherche de lâcher de points de tensions, se complémente tout à fait à nos manœuvres ostéopathiques. Il apporte une recherche de détente globale associée aux lâchers tissulaires locaux.

Il permet de préparer les tissus aux éventuels manipulations structurelles, et cela est fameux !

Les manipulations "passent toutes seules" après avoir préparé les tissus, par massage (ou par cupping-thérapie), nul besoin de forcer sur un DOG ou un lumbaroll. Tout se fait avec aisance et sans force. Les gros verrous tissulaires ont déjà sauté. Les tissus mous, qui gouvernent les articulations, déverrouillant la porte d'entrée à la correction articulaire.

Aujourd'hui, en France, nous nous retrouvons dans un paradoxe où le massage est "détenu" légalement par les masseurs-kinésithérapeutes, mais où les kinés massent de moins en moins les patients. Peut-être alors que les ostéopathes peuvent s'emparer de cela.

2-Les ventouses

vidéo "la cupping-thérapie" en ostéopathie

1-Historique et définition

Il existe peu d'études scientifiques permettant de valider l'efficacité des ventouses.
On relève tout de même 954 études sur PubMed, dont une meta analyse de Novembre 2018 montrant un impact positif de la cupping-thérapie sur les douleurs du bas du dos.

Nous en parlons ici puisque c'est **une technique très employée en particulier dans le domaine du sport** avec une demande forte de la part des patients. Ils y trouvent comme intérêts : **une récupération meilleure et rapide, une détente musculaire profonde, une sensation de légèreté.**

Je rajoute l'étonnement de constater qu'il y'a quelques dizaines d'années, les ventouses (en tous cas dans la campagne de sud-gironde) étaient très utilisées en usage médical. C'est à dire que de **nombreux médecins utilisaient cette technique, en particulier dans les affections respiratoires.** Avec "le rigolo", un cataplasme à base de moutarde, les ventouses étaient des outils naturels très utilisé en médecine de campagne.

L'utilisation de ventouses est de plus en plus répandue dans le domaine de la médecine du sport et de la physiothérapie.

L'exemple le plus marquant étant celui du nageur Michael Phelps lors des JO de Rio en 2016 qui laisse apparaître sur son corps de nombreuses marques rondes de couleurs diverses et témoignant d'une utilisation de ventouses.

Cependant l'application de ventouses pour le soin remonte à plusieurs milliers d'années. Certains documents historiques faisant foi (hiéroglyphes égyptiens, artefacts africains, documents chinois etc...).

Il existe deux types de ventouses:

<u>-Les ventouses à froid:</u>

On retrouve celles en plastiques et en silicones. Le vide d'air s'y fait par pompage (pistolet pompeur ou mains).

<u>-Les ventouses à chaud:</u>

On retrouve celles en verre, en bambou, en corne d'animaux évidés ou en cucurbitacées. Le vide d'air s'effectue par une source de chaleur (coton imbibé d'alcool par exemple).

2-La cupping-thérapie

A l'heure actuelle, la majorité des thérapeutes utilise les ventouses à froid en plastique, ce que l'on nomme la "cupping-thérapie".C'est cette dernière que nous allons développer ici.

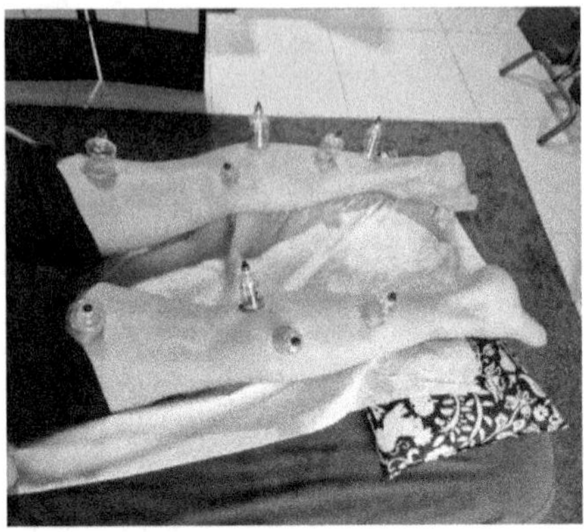

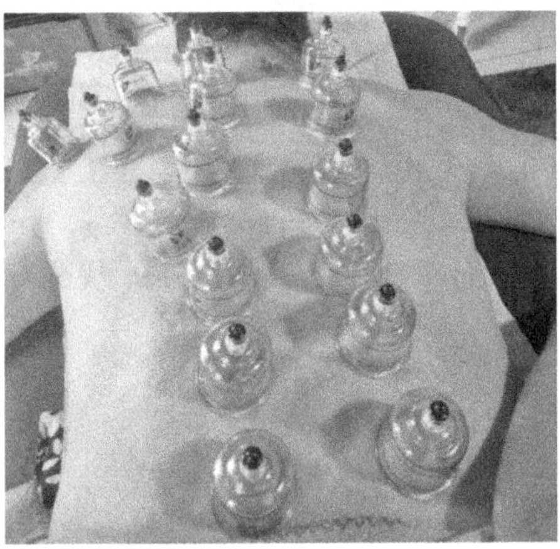

Matériel : Un pistolet pompeur et différentes ventouses en plastique de calibres variés.

Mode d'application : On palpe les zones de sclérose/de rénitence/de densité...c'est à dire celles que notre diagnostic manuel met en évidence. On applique les ventouses sur ces endroits. On va donc poser les ventouses sur des parties

anatomiques (chefs musculaires, tendons, ligaments, enthèses...), zones que nous travaillerions avec nos mains si nous n'utilisions pas les ventouses.
On pompe avec le pistolet 1 à 3 fois selon la zone et selon le ressenti du patient.
Il faut que ça tire, que le patient le sente, mais aucun intérêt à ce qu'il ressente une vive douleur, surtout si celle-là persiste plus de 30 secondes. En effet, en règle générale, une ventouse douloureuse va voir sa nociception diminuée très rapidement. Si ce n'est pas le cas, ne pas batailler mais diminuer la pression de la ventouse ou l'enlever.
On laisse ensuite poser pendant 5 à 20 minutes selon l'appréciation. Pour faire simple, plus les tensions seront importantes (par exemple un body Builder qui ne s'étire jamais, un chef d'entreprise hyper tendu ou un patient à la charge mentale et physique dépassées), plus il y'aura un intérêt à laisser les ventouses longtemps en place.
Aucun bénéfice, de mon point de vue, à revenir donner un ou deux coups de pistolet pompeur 3 minutes après la pose, histoire de tirer encore un peu plus...dans mon expérience, à part un sentiment de traction intense (type lifting total du corps...) et un inconfort majeur, aucun intérêt thérapeutique à faire cela.
Vous pompez 1 à 3 fois les zones que vous voulez travailler et vous laissez en place 5 à 20 minutes.

Conseils :

-Les ventouses peuvent tomber d'elles-mêmes : aucun souci, c'est en général que les tensions ont bien diminuées dans cette zone. On laisse la ventouse en dehors et on prévient juste le patient qu'il 'est normal que des ventouses se détachent d'elles-mêmes.
-Également, on prévient les patients que les ventouses font des marques sur la peau (type "suçon"). Ces marques durent en général 3 à 6 jours (plus de 90% des gens). Cependant chez certaines personnes cela peut aller jusqu'à 15 jours (5% des

gens) à 3 semaines pour une disparition complète (environ 1% des gens).
Pensez à la robe “dos nu” prévue pour un mariage en plein mois d’Août...

-La position du patient doit-être la plus confortable possible : positionnement, température agréable etc...

-Il est possible de continuer le soin manuel pendant l’application des ventouses (traitement des membres inférieurs avec cupping sur le rachis par exemple) Mais on peut aussi considérer les ventouses comme un moment de soin à part entière. Cela peut s’incorporer dans un moment de détente aussi.

-Poser une bouillotte bien chaude après avoir retiré les ventouses est une excellente idée. En effet, cela va optimiser la détente des tissus mous.

-Enfin, un massage plus ou moins rapide après la pose des ventouses est très intéressant à effectuer. Par expérience, il semble que le massage post-application de ventouses se doit d’être très superficiel et non pas profond. En effet, nous avons remarqué qu’un massage trop profond, semble stimuler le tonus musculaire, alors que des pressions glissées superficielles vont aller dans le sens d’une détente tissulaires profonde

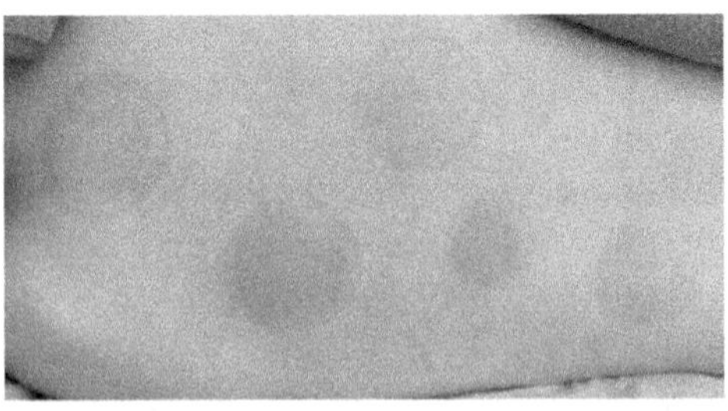

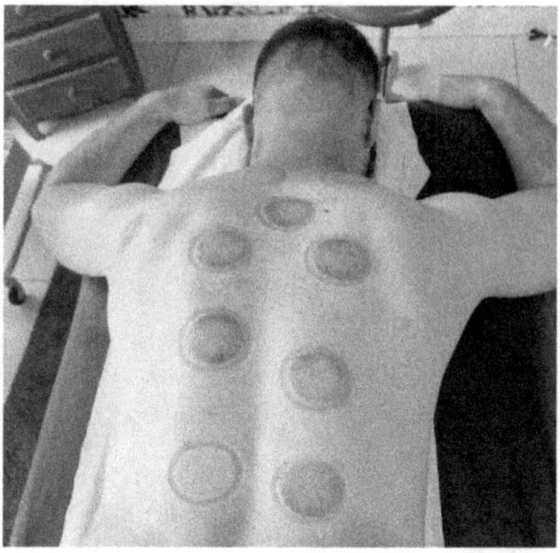

3-Mode d'actions des ventouses

Face au manque évident d'études scientifiques à ce sujet, il nous a fallu conceptualiser les impacts physiologiques des ventouses.

Ils sont au nombre de quatre: mécanique, anti-inflammatoire, détoxination, énergétique.

1-Mécanique:

L'effet mécanique est évident et visible : **la dépression interne entraîne une aspiration des téguments. Il y'a donc une déformation structurelle des tissus sous-jacents.**

La ventouse comprime les muscles, par effet d'aspiration, et va agir en véritable myorelaxant.

Les ventouses sont alors des décontractants musculaires.

Elles agissent profondément sur les contractures musculaires retrouvées lors de l'examen clinique palpatoire.

On pourrait dire que l'application de 5 minutes de ventouses correspond à un massage en profondeur de 30 minutes.

Cela s'apparente en fait à un **pétrissage statique profond.** On comprend aisément que la peau, le tissu graisseux, les muscles, leurs septums, les ligaments, les tendons et les petits vaisseaux sont aspirés et vont donc connaître, comme tout corps physique sur lequel on applique une contrainte, une déformation structurelle.

On agit donc sur la plasticité des tissus mous, on les détend au maximum.

Les tissus mous gouvernant les articulations, nous allons donc avoir indirectement une action articulaire.

2-Métabolique:

1-Effet anti-inflammatoire : la ventouse aspire les fluides sous-jacents à l'endroit de sa pose. Elle va donc pomper le sang veineux et la lymphe. Et, par conséquent, les cellules qui constituent ces fluides. **En particulier les lymphocytes.** Ces cellules de l'immunité vont se trouver "emprisonnées" dans un endroit donné. C'est comme leur dire : "c'est ici qu'il faut que vous agissiez". On ne leur donne pas le choix ! Les lymphocytes sont des cellules spécialisées dans le phénomène anti-inflammatoire. On leur demande alors de nettoyer la zone, tout du moins, de provoquer un début de réaction anti-inflammatoire : appel des macrophages,, détersion de la zone etc...

On peut proposer le parallèle avec l'œdème : ce dôme tissulaire qui encercle une zone pour favoriser les cascades biochimiques anti-inflammatoires. **On pourrait dire qu'appliquer une ventouse c'est créer un œdème artificiel.**

Poser des ventouses sur une contracture permettrait donc un effet anti-inflammatoire profond.

2-Détoxination: les ventouses vont aller pomper à un ou deux centimètres sous la peau. Au niveau de la colonne vertébrale, on atteint donc l'enveloppe des organes sous-jacents. Des ventouses posées au niveau des épaules vont "aspirer" l'enveloppe des poumons (la plèvre), celles posées au niveau du bassin vont agir sur le colon, celles au milieu du dos

sur les reins, le foie ou la rate en fonction de leur positionnement.
Les ventouses aident donc au phénomène de nettoyage des organes émonctoires (les filtres du corps). Elles détoxinent.
Elles détoxinent également les déchets musculaires contenus dans les contractures (urée, acide lactique). Ce sont donc de véritables alliées post effort physique.
C'est d'ailleurs par ce mode d'action que l'on peut comprendre l'intérêt de leur utilisation historique par les médecins de campagne en cas de bronchite ou pneumopathie.
Attention ! Il ne s'agit pas de traiter des pathologies lourdes avec les ventouses. Le propos de ce chapitre est de s'intéresser aux contractures musculaires !

3-Energétique:

A la base, la médecine des ventouses est orientale (chinoise et arabe). Il existe des protocoles de pose des ventouses pour chaque pathologie. Ce protocole repose sur le positionnement de points d'acupuncture, de points énergétiques.
Ce n'est pas du tout la méthode que j'utilise au cabinet. J'applique exclusivement les ventouses sur les contractures musculaires. Malgré tout, ce côté énergétique est tout de même présent, puisqu'il existe de nombreux points d'acupuncture partout sur le corps.

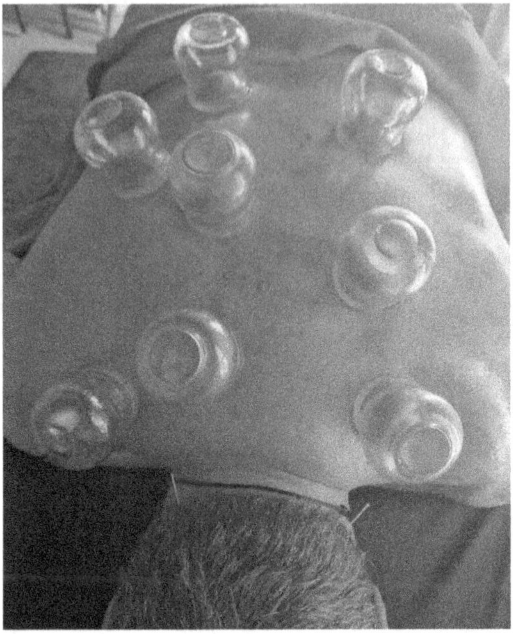

<u>Ventouses en verre et dry-needling associés sur un patient présentant des dorsalgies hautes.</u>

Enfin, ici je propose une méthode d'application des ventouses à "l'occidental". Les ouvrages sur le positionnement des ventouses thérapeutiques proposent en effet, systématiquement un schéma de pose précis en fonction du symptôme (lombalgie, tendinte du coude droit, entorse tibio-tarsienne....). Ce mode d'application, concerne la stimulation de certains points d'acupuncture. C'est donc une technique énergétique. Comme cela n'est pas notre formation, nous avons tout intérêt à choisir la porte d'entrée mécanique (la palpation des densités tissulaires qui nécessitent un travail manuel), plutôt que la porte d'entrée énergétique.

Certains patients sont très "friands" des ventouses. Ce sont la plupart du temps des patients aux tensions musculaires importantes et très profondes. Des patients qui, en général, aiment beaucoup les massages appuyés et profonds.

En dehors de cela il est possible de faire de la cupping -thérapie a à peu près tout le monde.
En général pas avant 13 ans, car cela peut paraître impressionnant pour les enfants.
On évitera aussi sur les patients sous anti-coagulants, la cupping-thérapie ayant un effet fluidifiant sanguin.

4-La coloration des marques

Le retrait des ventouses laisse apercevoir des marques, semblables à ce qu'on appelle vulgairement des "suçons", c'est à dire des téguments superficiels colorés. Du blanc au violet foncé, en passant par le rose pâle, le rouge vif, le rouge tacheté, voir le bleu pâle.
Quelle est la signification de ces marques? Il est coutume de dire que plus la zone est colorée plus l'endroit était chargé en toxines et donc avait besoin d'aspiration. A l'inverse, une totalité de zone pâle signerait une anémie du patient....
Il n'ya strictement aucune étude ou consensus sur ces observations. Au contraire, nous avons régulièrement observé des zones franchement marquées chez des patientes anémiées, bilans biologiques à l'appui...donc ceci n'est que source d'hypothèses.

Nous pouvons seulement remarquer, que, généralement, lorsque la ventouse est appliquée sur une contracture musculaire très importante et rebelle au traitement manuel, alors la marque laissée est très colorée, virant vers le rouge vif. Mais cela n'est pas systématique.

Enfin, ces auréoles restent imprimées entre 3 à 21 jours comme décrits plus haut.

5-Les ventouses glissées

Une application très efficace sur les contractures musculaires importantes ou les adhérences tissulaires marquées est la technique des ventouses glissées. Il s'agit d'appliquer une ventouse avec une aspiration moyenne et de faire glisser cette dernière sur les téguments. Manoeuvre à manier avec précaution et à ne pas faire avec tout le monde puisque celle-ci peut-être un peu douloureuse. On ajoutera systématiquement un agent glissant sur la peau afin de faciliter l'exercice.
On adaptera la vitesse de glissement en fonction du résultat que l'on souhaite obtenir et de la réaction du patient.
Attention enfin, car **la marque laissée après cette manœuvre est souvent impressionnante, puisque large et très colorée.**

B] Le verbe : les conseils agissent sur le métabolisme.

3-L'aromathérapie

vidéo "l'aromathérapie en ostéopathie"

1-Definition et précautions d'usage

C'est une thérapeutique éminemment étudiée depuis plus de 50 ans.

En France, ce sont d'abord des médecins de terrain, comme les Drs Jean Valnet ou Jean-Pierre Willem, qui ont utilisé cette thérapeutique dans des conditions de guerre. Ce sont aussi des chimistes qui ont étudié de près ces essences de plantes concentrées, bourrées de molécules actives (alcools, aldéhydes, phenols, terpènes, cétones etc...).

Ce sont, encore, des dizaines d'études médicales publiées tous les mois sur le sujet.

Il suffit pour cela de taper le mot "aromatherapy" dans la barre de recherche de pubmed pour s'en rendre compte.

L'aromathérapie vit un état ambivalent : celui de la thérapeutique la plus puissante en phytothérapie existante (après l'extraction par le CO2 supercritique) versus un effet de mode que chacun s'approprie et où les gouttes perdent leur réalité médicamenteuse au profit d'une recherche de bien-être psychocorporel.
Nous parlons bien évidemment de tous les conseils et formations que l'on peut trouver sur Internet ou des systèmes de vente pyramidale de certaines marques étrangères qui dégradent totalement l'image de cette thérapeutique puissante en colportant des erreurs et des hérésies.
Fiez-vous toujours à des personnes compétentes et dont les références sont sérieuses.
Les Huiles Essentielles étant considérées comme des compléments alimentaires et non pas comme des médicaments, toutes les dérives sont possibles les concernant.

A ce sujet, le documentaire : *"industrie du bien-être: potion et poison, Huiles Essentielles" (netflix)* est assommant et criant de vérité....

C'est pourtant **un outil clé dans le soin intégratif que ce soit concernant les domaines anti-infectieux, anti-inflammatoire, traumatique ou émotionnel** par exemple.

2-Intérêts en ostéopathie

Concernant l'ostéopathie, qui en tant que médecine holistique, s'intéresse à tous les systèmes du corps humain, alors la maîtrise des bases de l'aromathérapie se révèle très intéressante. En particulier dans les domaines de la traumatologie, de la rhumatologie, dans la sphère émotionnelle ou pour le sommeil.

Je vous renvoie à la vidéo corrélée qui explicite la bonne utilisation des H.E.

Condition sine qua non à connaître avant de s'aventurer dans les conseils aveugle de ces petites bombes biochimiques.
Nous ne parlons donc ici que de quelques H.E. avec des conseils pratiques utilisables au cabinet.

1-Traumatologie

Helichryse Italienne (*Helichrysum Italicum*)et contusions.

Cette plante porte le soleil en son nom (Helios=soleil). Elle possède une odeur caractéristique que l'on définit comme proche du curry. Elle embaume toutes les plages de l'atlantique, c'est l'odeur caractéristique des dunes, cette odeur qui fait le lien entre le terrestre et l'élément marin. Froissez quelques feuilles dans vos mains, et son parfum peut vous enivrer.
Ses fleurs jaune vif ont la capacité de sécher et de pouvoir être conservées des mois, voire des années. On l'appelle donc, aussi (son nom vernaculaire) "IMMORTELLE".

Elle intéresse toutes les petites traumatologies fraîches. Sa concentration en **béta-diones ou italidiones lui confère, semble-t-il, un pouvoir fluidifiant sanguin incomparable**. Elle empêchera donc la fibrine de s'agglomérer de manière anarchique lors de la phase vasculaire anti-inflammatoire. Elle évitera ainsi que l'hématome ne se sclérose, voire aboutisse à un phénomène de calcification.
Bien sûr le massage aura un effet similaire, mais masser une zone traumatique en phase aigüe n'est pas conseillé...l'application d'H.E. d'hélichryse Italienne tout de suite après le choc aura un effet structurant d'un point de vue tissulaire, anti-inflammatoire (comme la majorité des H.E.), et antalgique puissant.
En cas de contusion osseuse, appliquez 10 gouttes d'H.E. d'hélichryse italienne pure à renouveler toutes les 10 minutes pendant trente minutes, puis diluer à 50% dans de

l'huile végétale 1 fois par heure pendant 3 heures par la suite: effet apaisant instantané.

2-Rhumatologie

Estragon (Artemisia dracunculus)
Laurier noble (Laurus nobilis)
Lavande vraie (Lavandula angustifolia)

Pour la prise en charge des tendinites, arthrose, arthrite etc...

La capacité myorelaxante de l'estragon ainsi que de la lavande vraie corrélé aux vertus anti-douleur du laurier et de la lavande vraie et de l'effet anti-inflammatoire imputable à ces 3H.E. confère à cette solution un intérêt dans la prise en charge des crises d'arthrose par exemple ou des tendinites.

On peut envisager par exemple : Estragon 30% Laurier noble 30% Lavande vraie 40%
Dilué à 50% dans une huile végétale (H.V.) : amande douce, argan, olive, tournesol etc...

En pratique, cela signifie un mélange composé, par exemple, de 3 gouttes d'estragon, 3 gouttes de laurier noble et 4 gouttes de lavande vraie dans 10 gouttes d'H.V.
En application directe sur la zone concernée ou en préparation dans un flacon.

3-Sphère émotionnelle:

La solution la plus simple est l'inhalation d'H.E. dite "relaxante" tout au long de la journée.

On utilisera pour cela un stick inhalateur (ou un mouchoir) dans lequel nous appliquerons entre 5 et 15 gouttes d'H.E.
Le stick inhalateur sera utilisé à la demande tout au long de la journée.

Il existe plusieurs dizaines d'H.E. relaxantes **CE QUI EST CAPITAL, C'EST QUE LE PATIENT AIME BEAUCOUP L'ODEUR PROPOSÉE.**
Rien ne sert de proposer du basilic exotique à tout le monde, il faut s'adapter en fonction du ressenti. Si l'odeur d'une H.E. relaxante n'est pas appréciée, il est probable que l'effet recherché soit inversé, en tous cas moins efficace.
Dans les H.E. proposées, on retrouve:

-Tous les agrumes (citrus) : Bergamotte, citron, mandarines, pamplemousse, orange douce, petit grain bigarade....
-Le basilic exotique (Ocimum basilicum)
-La marjolaine à coquilles (origanum majorana)
-La lavande vraie (Lavendula Officinalis)

Les informations provenant de l'épithélium olfactif sont traitées par l'amygdale, cette structure cérébrale impliquée dans la peur et l'anxiété.
"Ce trajet peut expliquer l'action apaisante de certaines H.E. comme la lavande vraie, par une modulation de l'activité de l'amygdale" [14]

4-Sommeil

Certaines H.E. possèdent des propriétés sédatives. Ainsi, le bergaptène contenu dans l'H.E. de bergamote (*Citrus*

Bergamia) influence la production de mélatonine en inhibant sa dégradation. Cela augmente sa présence dans l'hypophyse et peut avoir une action sur l'induction du sommeil. [15]
La camomille romaine (*chamaemelum nobile*) et son action relaxante profonde pourra être appliquée à raison d'une goutte pure sur chaque talon avant le coucher.
Attention le partenaire de lit devra aussi apprécier l'odeur!...

vidéo "hydrolathérapie en ostéopathie"

5-Hydrolathérapie

Lors d'une distillation d'une plante par extraction à vapeur d'eau (alambic), le produit obtenu est constitué à 90% d'hydrolat. Après l'imbibition des vapeurs dans les fibres végétales et leur liquéfaction par refroidissement, on obtient majoritairement un liquide odorant comprenant quelques molécules actives et beaucoup d'eau. A l'inverse, le surnageant, qui est plus léger que l'eau, constitue **l'huile essentielle.** Cela **représente environ 5 à 10%** du produit total. On comprend alors pourquoi les H.E. sont si onéreuses : des heures de distillation pour obtenir quelques centilitres d'H.E., alors que le produit majoritaire, plusieurs litres donc, forme l'hydrolat, ou eau florale c'est selon la partie de la plante utilisée.

Les hydrolats (eau laiteuse/hydros=eau ; lactos=lait), sont donc des composés aqueux contenant des molécules actives et beaucoup d'eau.

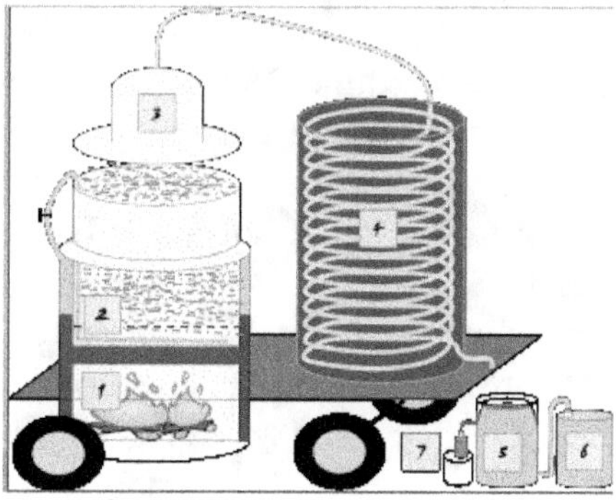

1 : foyer 2 : matières végétales+eau 3 : couvercle 4 : siphon refroidisseur ***5 et 6 : hydrolat*** *7 : Huile essentielle*

Ce sont alors des produits phytothérapeutiques actifs, mais très dilués.
Ils sont **utilisables sur toutes les muqueuses, on peut les boire ou les appliquer directement sur des plaies**. Tout ce qui est interdit en somme avec le H.E.
Ils sont alors **très intéressants pour les individus fragiles : nourrissons, personnes agées et femme enceinte.**
De manière caricaturale, car ce n'est pas toujours le cas, les hydrolats possèdent les mêmes indications que leur congénère H.E.
Par exemple nous pourrons utiliser l'hydrolat d'hélichryse italienne (fluidifiant sanguin) en cas de contusions osseuse chez un nourrisson, l'hydrolat de lavande vraie (cicatrisant) sur des escarres, l'hydrolat de laurier noble (anti fongique) sur des mycoses de la femme enceinte ou l'hydrolat de géranium bourbon (hemostatique) chez un enfant de moins de 5 ans qui a une petite plaie qui saigne.
L'hydrolat de bleuet est considéré comme la "star" des hydrolats.
Son action anti-inflammatoire des muqueuses trouvera sa place pour tous les **problèmes oculaires** (conjonctivite,

blepharite...), ainsi que pour les problèmes gingivaux des touts petits.
Faire téter une compresse tissée imbibée d'hydrolat de bleuet à un enfant qui double ses gencives ou fait ses dents lui apportera une antalgie certaine. L'effet est encore plus fort si l'hydrolat de bleuet est conservé au frigo.
Dans notre pratique quotidienne, les hydrolats s'adressent donc principalement aux nourrissons, aux femmes enceintes et aux personnes âgées.
Bien évidemment concernant des symptomatologies légères. Nous sommes là dans le domaine de "la bobologie".

4-L'alimentation santé

L'approche métabolique thérapeutique la plus macroscopique. Savoir réguler ses grands principes permet d'obtenir de grands effets de manière rapide, efficace et pérenne.
Sans rentrer dans le rééquilibrage alimentaire, qui ne nous concerne pas, il suffit de connaître les fondamentaux afin de pouvoir déjà aider grandement certains de nos patients.
Voir à ce propos le paragraphe "Nutrition" dans le chapitre SSANTE.
Le Dr Jean Seignalet est un des pionniers dans la démonstration du lien entre certaines affections articulaires et l'alimentation, en particulier les intolérances aux laitages et aux glutens. [16]
Cet immunologiste découvreur des gènes HLA B27 et HLA B53, utilisés au quotidien dans le monde entier pour détecter des polyarthrite rhumatoïde ou des spondylarthrite ankylosante, a été mis au ban concernant ses découvertes sur l'alimentation....
Pourtant, 40 ans après celles-ci, nous n'avons jamais autant parlé de régime sans gluten.

En effet les glutens sont en partie responsable, ou tout du moins entretiennent, l'Hyperperméabilité Intestinale, il est donc nécessaire de les éviter lorsque l'on souffre de cette pathologie.

Céréales contenant des glutens : **SABOTEK**

Seigle
Avoine

Blé

Orge

Triticale

Epeautre

Kamut

Viennent ensuite les laitages, dont on connaît les effets négatifs chez certains individus. Devant le peu d'études concluantes, on ne peut que remarquer, cliniquement **les effets positifs de l'éviction des produits laitiers animaux chez certains patients**, notamment concernant les problèmes ORL ou bien les tendinites chroniques.

Dans notre expérience, nous nous permettons de livrer une hypothèse : si les glutens fragilisent l'intestin grêle, **les laitages semblent plutôt fragiliser le foie.**

Les expériences récurrentes les plus marquantes concernent des patients souffrant de **tendinite chronique de l'épaule droite, grand consommateur de laitages, et qui ont vu disparaître cette tendinite en quelques jours suite à l'arrêt de consommation de produits laitiers.**

Notre expérience n'a pas vocation à être significative, nous ne faisons que livrer des constats.

Le lien entre l'épaule droite et la consommation de laitages pourrait trouver sa cause au niveau hépatique. En effet, soit par son état inflammatoire projetant une douleur dans le dermatome de C2 par lien neurologique (capsule de Glisson et ligament triangulaire innervé par le nerf phrénique).

Ou, mécaniquement, par une traction tissulaire caudo-céphalique de la région hépatique entraînant un enroulement de l'épaule homolatérale.

Le débat est ouvert et les études sont vivement attendues !

5-La micronutrition

1-Definition

Commençons le chapitre par l'introduction du livre de Gérard Cazanave "balade en biologie"

"La micro-nutrition n'est pas un adjuvant de l'ostéopathie, mais elle représente l'ostéopathie dans sa dimension cellulaire et environnementale. Elle sera un des innombrables liens entre la matière, le mouvement et l'esprit.

Le fondateur de notre art insistait fréquemment sur la nécessité de le garder pur. Tout ce qui rentre dans la maison de l'ostéopathie c'est un peu d'ostéopathie qui sort. Les citations dans ce sens sont nombreuses. Et pourtant, le vieux docteur (A.T. Still) interrogeait ses patients sur leur alimentation, faisait des corrections alimentaires, prescrivait même des régimes et des compléments alimentaires. Sa vision intégrait l'environnement comme partie intégrante et indissociable de l'individu.

Comme la technique ostéopathique a évolué depuis cette époque, ce domaine se doit aussi de répondre aux recherches actuelles et aux études internationales les plus récentes.

Aujourd'hui la micro-nutrition doit être comprise comme un champ d'application du concept ostéopathique. ***Les ostéopathes peuvent apprendre à voyager en biochimie, en biologie cellulaire comme ils voyagent en anatomie et en biomécanique,*** *passer de l'une à l'autre pour une meilleure compréhension de l'homme dans sa globalité. Pour cette mission nous avons besoin des compétences de nombreux chercheurs, de médecins, de nutritionnistes, qui travaillent depuis de nombreuses années avec un esprit d'explorateurs insoumis, insubordonnés aux lobbies de l'agro-alimentaire et aux vieux préjugés.*

Les ostéopathes peuvent aujourd'hui se réapproprier ce domaine, grâce à une connaissance, parfaitement étayée sur le plan scientifique, de tous ces mécanismes de vie."

Approche métabolique thérapeutique microscopique, elle nous concerne tous...ou presque.
L'appauvrissement de la richesse nutritionnelle de nos aliments, ainsi que l'effet anti nutritionnel de certains xénobiotiques (phytosanitaires, médicaments etc...) amène la grande majorité d'entre nous vers des déficits voire des carences en certains oligo-éléments.

Apporter du carburant aux machines hormono-enzymatique devient donc parfois une nécessité pour conserver un fonctionnement optimal de la machine humaine. Nous nous intéresserons seulement à quelques possibilités micro nutritionnelles dans notre pratique ostéopathique tant le champ de la micronutrition est vaste.

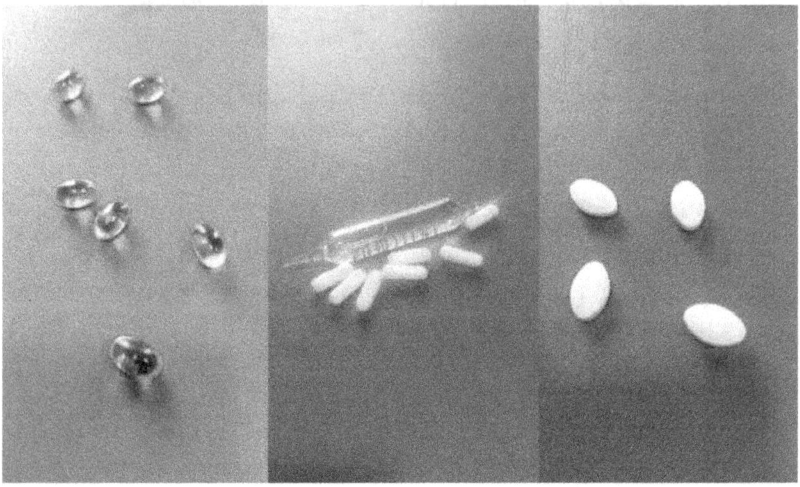

C'est un domaine qui nécessite une formation solide et une actualisation permanente.

L'objectif ici, est d'amener quelques cordes supplémentaires à son arc, afin de potentialiser le soin manuel.

Nous proposons alors de mettre en avant 4 compléments alimentaires pouvant être régulièrement utilisés au cabinet au quotidien: magnésium, probiotiques, iode, vitamine D3.

2- Le Magnésium

"Roi des compléments alimentaires", c'est une substance qui intervient dans de multiples mécanismes biologiques :
-Glycolyse (cycle de krebs)
-Décontraction musculaire
-Ostéoblastie
-Plasticité cérébrale
-Mécanique digestive
-Balance adaptogène
-Métabolisme de la Vitamine D

En pratique c'est donc un complément que l'on pourra conseiller :
-à tout patient en **fatigue chronique** (après élimination médicale de pathologies éventuellement graves), en regard de son importance dans le métabolisme énergétique (glycolyse).
-à tout patient perclus de **tensions musculaires,** qu'elles soient d'origines physiques ou émotionnelles. Sportif amateur ou de haut niveau, chef d'entreprise stressé et hypertendu, mère de famille à la charge mentale très lourde etc...quand il y'a sous nos mains des rénitences musculaires importantes et diffuses alors le magnésium sera toujours bénéfique.
C'est en effet lui qui prend la place du calcium entre l'actine et la myosine au sein de la fibre musculaire. Le calcium permet la contraction musculaire, le magnésium permet la décontraction.

-à tout patient en état d'**anxiété** ou d'angoisse légères,

-à tout patient nécessitant un coup de pouce concernant la **solidité osseuse** : ostéopénie, fissures, fractures etc...Le magnésium est en effet le garant de la solidité des cristaux d'hydroxyapatite au sein des ostéones.

Il existe différentes sortes de magnésium : chlorure de magnésium (nigari), sulfate de magnésium, oxyde de magnésium, citrate de magnésium etc...

Chacun possède ses vertus et ses défauts : "désinfectant" intestinal puissant pour le chlorure, production de gaz malodorants pour le sulfate etc...

Aujourd'hui les magnésium les mieux tolérés et les plus biodisponibles sont les magnésium dits "amino-complexés". Par exemple avec de la glycine: bisglycinate de magnésium. Ces derniers ne procurent quasiment aucuns désagréments intestinaux.

En fonction du résultat voulu, on pourra conseiller de 150 à 600 mg par jour de supplémentation. De 10 jours à une prise régulière d'un mois par trimestre par exemple.

Par exemple, 600 mg/ jour pendant 10-15 jours chez des patients hypertendus musculairement paraît une bonne posologie.
Ou 300 mg/ jour, un mois par trimestre chez des patients ayant un fond d'anxiété ou spasmophile peut-être approprié.

On conseillera une prise en deux fois dans la journée (300 mg le matin et 300 mg le soir par exemple), puisque **l'action du magnésium est majorée lorsque la complémentation est lissée dans la journée.**

Attention ! Le magnésium est stocké dans l'organisme : on peut donc se trouver en excès de Magnésium. Les symptômes seront très proches de ceux d'une carence : fatigue, spasmes musculaires, irritabilité etc...
Il est donc plus que conseillé de proposer une supplémentation de Mg après un dosage sérique ou plasmatique.

Enfin il est **formellement contre-indiqué de se compléter en magnésium en cas d'insuffisance rénale, de prise de**

certains antibiotiques (quinolones, cyclines), ou de biphosphonates (anti-ostéoporotique).

3-Les probiotiques :

Les recherches concernant les microbiotes sont en constante évolution depuis une vingtaine d'années. **Qu'il soit cutané, intestinal, vaginal ou nasal, le microbiote définit les bactéries commensales qui nous habitent**. C'est-à-dire celles non pathogènes, qui vivent en symbiose avec nous et qui sont d'une utilité vitale dans la synthèse de certains oligo-éléments, le métabolisme digestif ou l'immunité.

On en sait beaucoup aujourd'hui mais il reste encore beaucoup à découvrir.
C'est le microbiote intestinal qui a été le plus fouillé et donc c'est sur ce dernier que nous pourrons tenter d'avoir une action autant par l'alimentation santé que par l'apport de compléments alimentaires.
Glutamine, vitamine D3 et probiotiques seront les "armes principales pour agir sur les entérocytes et le système intestinal principalement.
Il faut tout de même savoir que si les recherches sur le microbiote intestinal sont avancées, il n'en est pas de même sur l'utilité des probiotiques.
Aussi, le microbiote intestinal est acquis de manière définitive dans la tendre enfance et ne peut être changé de manière pérenne que grâce à une seule manière : la greffe fécale.
Greffe qui est plutôt à l'état de recherche aujourd'hui en France et concerne principalement les patients atteints d'infection récidivante à clostridium difficile.

Les probiotiques eux vont agir entre 1 et 3 jours à l'intérieur de l'organisme. Pendant ce temps, ils vont très clairement exercer une action mécanique (surnombre) et une action métabolique.

Mais une fois leur prise finie, la dysbiose revient. Parfois moins intense. Ce déséquilibre entre "bonnes " et "mauvaises" bactéries, ne peut être éliminé radicalement qu'avec des probiotiques seuls.
C'est l'hygiène de vie, l'alimentation, accompagnés de la micronutrition, qui pourront lisser le degré de dysbiose.

Quels probiotiques choisir ?

Quand les patients parlent de kéfir, kombucha ou yaourt comme probiotiques c'est un défaut de langage.
En effet, **lorsqu' il ya 1 million de bactéries au mm 3 dans du yaourt, on retrouve 10 à 40 milliards de bactéries au mm3 dans un probiotique pharmaceutique.** On parle donc d'un rapport de 10000 fois supérieur en termes de concentration...On imagine bien alors que les effets mécanique et métabolique ne sont pas du tout les mêmes.

Ainsi, le choix des probiotiques utilisés doit vérifier la concentration importante dans le produit, ainsi que le nombre de souches proposées. On considère qu'il en faut trois pour parler d'un produit de qualité.

Prescrire des probiotiques en ostéopathie ?

-Bébé né par césarienne et n'ayant pas bénéficié de l'application d'une compresse ano-vaginale: 0,5 ml/ jour probiotique enfant dès la naissance et tout le long du premier mois.

-Tout patient ayant pris des antibiotiques: 1 mois de complémentation post-antibios.

-A priori, tout patient atteint d'une maladie inflammatoire chronique (confère le chapitre SSANTE). Cure d'un mois par trimestre.

-Femme enceinte. Au contraire de ce qui est souvent colporté, aucunes études n'ont démontré l'intérêt de prendre des probiotiques pendant la grossesse. Concernant la limitation de la pré-éclampsie, de la prématurité ou des allergies chez l'enfant par exemple.

A l'inverse d'autres recherches mettent en avant les déficits courants de certains oligo-éléments comme l'acide folique, l'iode, la vitamine D ou les acides gras polyinsaturés chez la parturiente.

4-L'Iode

L'iode est l'oligo-élément indispensable à la synthése de Triodotyronine, ou T3, l'hormone thyroïdienne ACTIVE.
En effet c'est par l'élimination d'une molécule d'iode par l'enzyme 5'desiodase sur l'hormone INACTIVE T4 que l'on obtient l'hormone T3 agissante.

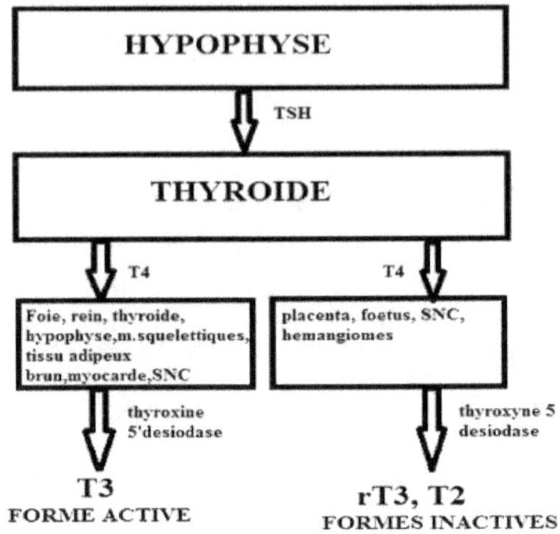

Sans iode, la glande thyroïde ne peut fonctionner correctement.
Un déficit du 53 -ème élément chimique du tableau de Mendeleïev peut entraîner un goître et une carence peut mener à ce qu'on appelle le crétinisme. L'expression "crétin des Alpes" vient de là. En effet, pas d'iode en haute montagne, région très éloignée des mers et océans.
L'iode est également indispensable dans le **bon développement du système nerveux** de l'embryon.
Enfin, le fluor, le brome et le chlore, 3 éléments chimiques que l'on retrouve par exemple dans les pesticides, possèdent la même configuration spatiale que l'iode et se retrouvent donc en compétition avec ce dernier.

La glande thyroïde agit sur de nombreux systèmes : **musculaires, osseux, système nerveux central, hormones sexuelles, tissu adipeux, vasculaire, émotionnel etc....**
Le bilan thyroïdien médical est prescrit de manière classique et permet d'évaluer les éventuelles grandes pathologies thyroïdiennes comme l'hypothyroïdie, l'hyperthyroïdie, les dysthyroïdies ou les maladies auto-immunes.

Cependant **l'iodurie est un examen urinaire rarement prescrit et qui pourtant est parfois essentiel à connaître**. Voir l'annexe à ce sujet où nous compilons les résultats d'une soixantaine de patientes à qui nous avons prescrit une iodurie. En effet, il est possible de prescrire cet examen, puisqu'il s'agit d'un dosage urinaire non remboursé par la sécurité sociale qu'il soit prescrit par un médecin ou non.
Et pourtant ! Un patient avec des signes infracliniques thyroïdiens, avec un bilan classique normal (T3, T4, TSH, Ac antithyroxydase...) mérite de connaître son taux d'iode dans l'organisme.

De même une iodurie en période pré conceptionnelle est plus que recommandé eu égard à l'importance de cet oligo-élément dans le développement normal de l'embryon et du fœtus.

Dans la mini-étude, les chiffres parlent d'eux-mêmes: 75% des patientes testées se retrouvent en déficit ou en carence d'iode.

5- La vitamine D3:

La vitamine D3 ou cholecarciferol, est une vitamine liposoluble synthétisé à 85% par biosynthèse cutanée sous l'effet du rayonnement ultraviolet. Seuls 15% de la vitamine D provient d'une source exogène (poissons gras, jaune d'oeufs, shiitake...). A cet égard, elle se comporte plus comme une hormone que comme une vitamine.

Elles possèdent des effets sur :
-La croissance osseuse
-La minéralisation osseuse
-Le contrôle de l'équilibre phospho-calcique

Elle est donc essentielle :
-lors de la croissance (de 0 à 20 ans)

-lors d'une récupération de fracture/fissure
-lors d'une algoneurodystrophie
-lors d'ostéoporose
-lors d'arthrose.

Elle contrôle également l'expression de plusieurs centaines de gènes : Elle agit sur la prolifération cellulaire et la mort cellulaire programmée par exemple.

C'est également une vitamine essentielle pour traiter les Hyperperméabilités intestinales (HPI ou Leaky gut syndrom). Son rôle protecteur de la barrière intestinale va aider à resserrer les jonctions cellulaires des entérocytes.

Il est nécessaire de réaliser son dosage biologique avant une supplémentation au long cours puisqu'elle peut s'accumuler dans le tissu graisseux et donc engendrer une hypervitaminose.

Au bas mot, il est reconnu que posséder un taux au moins égal à **75nmol/L ou 30 ng/ml** est nécessaire.
Dans les régions peu ensoleillées, la période d'Octobre à Avril en France, les individus en surpoids et les individus à la peau noire sont des conditions de déficits.

On peut utiliser une supplémentation naturelle quotidienne (par exemple 800 Unités Internationales quotidienne pendant 3 mois pour un nourrisson ou 2000 UI pour un adulte) ou une supplémentation médicamenteuse ponctuelle (10 000 UI d'un coup, 1 à 2 fois par an).
La supplémentation quotidienne semble être plus pérenne dans le temps et permet de lisser le dosage plutôt qu'un apport massif instantané.
12 minutes d'exposition au soleil par jour suffisent à synthétiser correctement la vitamine D. Autant faut-il que le soleil pointe le bout de son nez...

Le dosage de la vitamine D est remboursé dans les 5 cas suivants : transplantation rénale, ostéomalacie, rachitisme, chirurgie bariatrique, personne âgée chutant,

Dans toutes les autres situations le dosage n'est pas remboursé. Il est donc possible pour l'ostéopathe de conseiller un dosage à ses patients qui pourraient le nécessiter (cf chapitre "un ostéopathe à t-il le droit de prescrire ?"). Toujours en accord avec le médecin traitant.

6-Autres oligo-éléments

1-Oméga trois:

Ces acides-gras polyinsaturés dérivants de l'acide alpha-linolénique, **EPA et DHA** (acide eicosapentaénoïque, acide docosahexaénoïque) possèdent des vertus santés multiples bien établis par de nombreuses études scientifiques.[17]

Leur capacités **anti-agrégantes, vasodilatatrices et anti-inflammatoires** seront utiles en cas **d'hypertension légère, de problèmes neurologiques divers, de dépression modéré** [18] **et lors du développement foetal du Système nerveux central**.

Ce qui est intéressant à retenir pour le thérapeute manuel, c'est que **les omégas trois combattent la rigidité, favorise la souplesse des tissus.**

Contre-indication relative : prise concomitante de fluidifiant sanguin : ne pas dépasser plus de 1 gramme par jour d'oméga trois.

Bien que les études montrent que ces derniers diminuent l'agrégation plaquettaire sans pour autant augmenter les risques de saignements.[19]

2-Vitamine C

Vitamine des fascias, elle participe à la fabrication de collagène. Sa carence entraîne l'apparition de scorbut. Cette pathologie redoutée par les marins depuis l'antiquité est liée à une non consommation de fruits et légumes frais pendant les voyages au long cours. Il s'agit d'un syndrome hémorragique accompagné d' une atteinte du tissu conjonctif, pouvant aller jusqu'au déchaussement des dents.

Indispensable à conseiller en prévention de l'algoneurodystrophie dans le cadre d'une chirurgie programmée. Idéalement débuter 3 semaines avant l'intervention puis continuer 1 mois après. **A raison d'un gramme par jour.** Certaines études montrent que l'acide ascorbique, qu'il soit d'origine naturelle (acerola, agrumes, cynorrhodon...) ou artificiel, possède la même action biologique.

3-Spiruline

Un concentré de micronutriments pour lutter contre la fatigue. Très efficace chez la femme enceinte en particulier, lors d'efforts sportifs plus importants que d'habitude ou bien lors d'une fatigue hivernale tenace.
A raison de 3 grammes par jour (environ 6 comprimés) pendant un mois.

4-SIlicium organique

Souvent bénéfique en application locale et/ou en prise orale chez les personnes atteintes de crises d'arthrose chronique.

5-Porphyra Umbilicalis

Une algue qui favorise la fabrication des protéines de choc (Heat Shoks Proteins). Intéressant alors à conseiller dans une phase aiguë traumatique.

7-Les supers aliments:

Cacao
Grenade
Curcuma
Thé vert

= Les 4 aliments les plus riches en anti-oxydants connus. Très sourcés aussi en termes d'études scientifiques.

Nutriments intéressants donc à intégrer dans son alimentation au quotidien !

Seul bémol. Ne pas consommer excessivement le thé. 450/500 ml par jour semble être une bonne limite. En effet certaines substances du thé sont chélatrices du Fer.
Concernant le curcuma et sa capacité à fluidifier le sang, on évitera une consommation excessive en cas de prises concomitantes d'anti-coagulant

8-La phytothérapie

vidéo " la phytothérapie en ostéopathie"

1-Definition

Branche à laquelle appartiennent l'hydrolathérapie et l'aromathérapie. Il s'agit tout bonnement de l'utilisation des plantes dans le soin.
On peut conseiller des molécules naturelles ANTI.
Une sorte d'allopathie naturelle permettant de favoriser le soulagement ou la guérison de certains symptômes.
Hématome, fibrose, sclérose, inflammations diverses et variées, troubles digestifs etc...
EN COMPLEMENT de nos actes ostéopathiques.

La phytothérapie est un domaine très vaste qui nécessite des connaissances solides.
En fonction de la méthode d'extraction des molécules végétales, on obtient une branche thérapeutique.
Infusions, distillation ou extraction par entraînement à la vapeur d'eau (Huiles essentielles et hydrolats), macération (gemmothérapie, macérats huileux), décoction (racines et écorces), expression (essences des agrumes), pulvérisation (gélules) extraction au CO2 supercritique, lixiviation (Extraits de Plantes Standardisés) etc...

Pour une utilisation efficace, sécure et ne nécessitant pas de connaissances encyclopédiques en botanique, on pourra facilement opter pour les **Extraits de Plantes Standardisés (EPS).**

Ce sont des produits pharmaceutiques qui contiennent quasiment le totum de la plante. C'est à dire la quasi-totalité des molécules actives du végétal.
La lixiviation se définie par une extraction hydro-alcoolique de titration croissante permettant l'obtention des molécules hydrophiles jusqu'aux lipophiles.
Le produit fini (EPS) est lui dénué d'alcool (évaporation sous vide). Sous forme liquide, cette médication naturelle est facile d'utilisation.

2-Tableau de 4 plantes utiles au cabinet

PLANTES INDICATIONS	*Desmodium adscendens*	*Chardon-Marie (sylibium marianum)*	*Rhodiole (Rhodiola Rosea)*	*Eschscholtzia*
Hepatique	**OUI**	**OUI**	NON	NON
Anxiété/dépression	NON	NON	**OUI**	NON
Insomnies	NON	NON	**OUI**	**OUI**

En cas de troubles hépatiques fonctionnels (NASH, constipation chronique, intolérance aux aliments gras etc...), il est donc possible de prescrire du Desmodium et du chardon-Marie. Il est préférable d'associer les deux à chaque fois qu'on le peut.
Par exemple on écrira sur le papier conseil :

-½ EPS de desmodium + ½ EPS de chardon-Marie
15 ml par jour pendant 21 jours à prendre le matin à jeun diluée dans un verre d'eau ou de jus de fruits.

Mises en garde: Si il n'existe aucune contre-indication connue à la prescription de desmodium (possibilité de le prescrire en concomitance d'un traitement médicamenteux quel qu'il soit), ce n'est pas le cas du chardon-Marie qui, par son côté détoxifiant sera contre-indiqué en cas de prise médicamenteuse.

Il est préférable d'augmenter petit à petit la posologie afin d'éviter un maximum les rares effets secondaires: nausées et diarrhées.
Par exemple, commencer à 5 ml pendant 3 jours, puis 10 ml pendant 5 jours puis 15 ml pendant 5 jours puis 20 ml pendant 8 jours.
A noter que si le patient ressent des effets secondaires, qui sont rares mais qui peuvent exister, on lui conseillera de ne pas augmenter les doses quotidiennes tout simplement.

Le **desmodium** est une plante grimpante originaire d'Amérique du SUd et d'Afrique du Nord. Traditionnellement elle est utilisée dans la prise en charge des allergies ainsi qu'en cas de problème hépatique. Son action semble favoriser un effet anti-inflammatoire sur le foie avec une action plutôt marquée sur les transaminases.
Le **chardon-Marie** aura plutôt un effet sur les gammas GT.

Concernant le système nerveux central, **la Rhodiole et l'eschscholtzia** sont de bons alliés.
La première est une plante dite adaptogène. Elle favorise donc la détente en cas de tensions nerveuses trop importantes et favorise le dynamisme en cas d'apathie marquée.
De son côté le pavot de Californie, le coquelicot orange, ou eschscholtzia, sera efficace sur les insomnies légères à modérées par son pouvoir sédatif léger. On pourra d'ailleurs l'associer à la **valériane**.
Mise en garde : on ne peut pas prendre de la rhodiole avec un anxiolytique ou un antidépresseur. En effet on ferait double rôle et cela peut devenir délétère.
Ce sera la même chose avec le pavot de Californie qui ne pourra être utilisé en même temps qu'une prise de somnifères. Là aussi il yaurait double emploi.

9-La naturopathie

vidéo "ostéopathie et naturopathie"

1-Definition et mise en garde

En préambule, je renvois le lecteur à l'article que j'ai écrit " *coup de gueule sur la naturopathie, et je suis naturopathe"*, article qui m'a valu un coup de fil d'une journaliste de france info tv et une interview en direct, une semaine plus tard, le 18 Septembre 2022, lors du journal télévisé du matin.
Je vous recommande aussi le documentaire *"naturopathie, un peu beaucoup à la folie"* de France tv dont je partage assez largement le diagnostic.

La naturopathie n'est pas une profession de santé reconnue. Tout le monde peut devenir naturopathe par le biais de formations quelconque. D'une durée de 100 à 1500 heures ou de 15 jours à 3 ans.... C'est un statut qui, malheureusement, ne possède donc aucune valeur.

En revanche, **cette approche se base sur des principes naturels de bon sens, qui sont souvent oubliés dans la formation médicale classique.**

On parle de quoi ? D'améliorer son hygiène de vie tout simplement!

La naturopathie repose sur 4 piliers: l'**activité physique, la gestion du stress, l'alimentation/micronutrition et la phytothérapie.**
C'est ce qui est communément décrit.
En réalité beaucoup d'autres "thérapies" se greffent à cette approche...

Le débat n'est pas intéressant, ce qui est intéressant c'est de se pencher sur les évidences qui permettent de retrouver une meilleure santé.

Je propose pour ma part cette approche des 6 piliers de l'inflammation (cf chapitre SSANTE). Chaque pilier permettant des réponses simples pour tenter de diminuer certains symptômes dont souffre les patients.
Pour pratiquer la naturopathie, c'est-à-dire la proposition de thérapeutiques naturelles pour contrer certains symptômes, il est plus que nécessaire de posséder des connaissances médicales solides. C'est pourquoi il serait logique que tout naturopathe proclamé soit, au minimum, un professionnel de santé reconnu par le code de la santé publique. Mais cela n'est malheureusement pas toujours un blanc-seing permettant une pratique sécure et efficace.

Ce qui est certain c'est que l'on peut trouver dans d'autres approches (alimentation santé, phyto-aromathérapie, micronutrition, massage thérapeutique, méditation, activité physique...) une complémentarité avec la médecine dite allopathique.

2-Quid de l'ostéopathie?

L'ostéopathe va poser un diagnostic manuel. Cependant, dans certaines situations cliniques, la main connaît ses limites.
Fatigue chronique, crises articulaires chroniques, tendinites ne cédant pas aux traitements classiques, anxiété ou tensions psychologiques évidentes, candidose etc....

Lorsque la main connaît ses limites de traitement, alors le verbe peut prendre la suite.
Il est possible de conseiller des compléments alimentaires ciblés lorsque l'on en a la connaissance, il est possible de pratiquer des techniques de relaxation lorsque l'on en a la capacité, il est possible de proposer des traitements phyto-aromathérapiques lorsque on en a les connaissances, il est possible de parler d'alimentation santé ou de bon sens d'hygiène de vie (ne pas fumer, ne pas boire trop d'alcool, faire

du sport régulièrement) lorsque l'on considère que cela est un des nœuds des problèmes.

La naturopathie, de notre point de vue, il s'agit juste de cela: **déterminer les grosses pierres qui peuvent entraver un fonctionnement optimal de la physiologie du corps humain.**

Toujours en restant dans ses rails, toujours en proposant des choses que l'on maîtrise.

La naturopathie c'est aussi, et surtout ! s'intéresser aux **capacités de nettoyage du corps**. Grâce aux organes émonctoires. Cela est ostéopathique aussi puisque A.T. STill en parlait déjà en ces termes " lorsque vous avez lavé le corps par les organes émonctoires, alors il sera prêt pour que les artères nourricières puissent faire leur travail".(A.T. Still"Le fondateur de l'ostéopathie", Autobiographie, édition sully, p.15).

Si il existe des organes filtres, alors ces organes peuvent se trouver en surcharge. C'est à peu près tout ce qu'il faut retenir des principes naturopathiques, au-delà de la nécessité du calme, d'être proche de la nature et de savoir s'écouter pour ne pas tomber malade.
Mais il est vrai que **les médecins apprennent qu'il existe des filtres dans le corps: la peau, le colon, les reins, le foie, les poumons et que ces filtres font leur travail et la notion de surcharge n'est jamais abordée.**
Les naturopathes parlent de pathologies "d'encrassement", c'est quelque chose qui peut paraître tout a fait probable au vu de notre mode de vie occidental. Le stress, la malbouffe, le manque d'activités physiques, la pollution...tout cela ne peut qu'aller dans le sens d'une surcharge de ces organes filtres.
C'est donc une notion élémentaire qu'il semble bon de prendre à bras le corps pour tenter de répondre aux soulagements de certaines maladies chroniques de civilisation.

Enfin, je suis toujours en questionnement sur le fait que **l'utérus soit un organe rarement cité dans ces organes émonctoires**... Un organe qui, peut-être, explique la différence de longévité entre les femmes et les hommes, car ce dernier permet d'éliminer un puissant oligo-élément oxydatif qui est le fer...
Bien sûr, la différence de longévité entre les sexes s'explique aussi par les habitudes de vie.
Mais cet organe, à l'inverse du foie qui n'est pas parfois considéré comme un organe émonctoire, possède un abouchement externe direct vers l'extérieur et rentre rarement dans ces organes filtres nobles qu'il faut chérir pour sa santé globale.

Donc, l'ostéopathe va pouvoir agir, manuellement, sur les organes cités et cela sera toujours bénéfique à priori. En revanche, il lui manquera la possibilité de donner certains conseils permettant d'optimiser son soin eu égard à ce qu'il a observé pendant le soin.
C'est ce que peut apporter la naturopathie:conseils alimentaires, de micronutrition, de phytothérapie ou autre solutions de mieux-être.

Le combo entre naturopathie et ostéopathie peut donc vraiment être intéressant et c'est ce qui nourrit cet ouvrage. Pouvoir agir avec du massage, avec des conseils en phytothérapie, en hydrolathérapie, en aromathérapie, en micronutrition, en cupping-thérapie...tout cela relève en fait du domaine d'autres médecines naturelles et permet une complémentarité parfois très efficace.

Toujours est-il que pour cela il faut avoir les connaissances nécessaires pour prodiguer ces conseils.

Pour rassurer tout le monde (patients, médecins et autres professionnels de santé), il serait logique que la naturopathie soit sanctionnée par un Diplôme d'État....

Les 6 piliers de l'inflammation: SSANTE

Il existe des "portes d'entrée" dans nos modes de vie pouvant favoriser l'inflammation.
En conséquence, certaines habitudes peuvent conduire à entretenir des symptômes chroniques.
Cela semble être un lieu commun mais la question : "existe-t-il chez ce patient un mode de fonctionnement/une habitude quotidienne qui pourrait entraver le métabolisme général ?" n'est que rarement posé lors de notre anamnèse.
Par exemple, une étude récente à ce sujet montre bien le lien entre hygiène de vie et douleurs rachidiennes.[20]

Surcharge pondérale, faible consommation de fruits et légumes, activité physique insuffisante et tabagisme ont été mis en avant dans cet essai clinique.

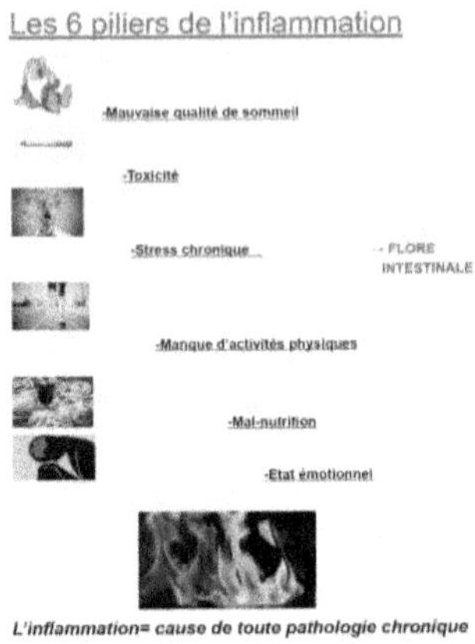

1-Le Sommeil

Ce moment nocturne représentant 1/3 de notre vie, fait partie des piliers, des socles, pour se trouver en bonne santé.
Il est bien établi que le sommeil est crucial pour de nombreuses fonctions biologiques (apprentissage, immunité, mémoire etc...)
Selon l'Inserm, plus de **1 personne sur 5 est atteinte de troubles chroniques du sommeil en France.**
C'est une moyenne de 6h55 de temps de sommeil pour les adultes français entre 18 et 74 ans.

Il est évident que les pathologies chroniques du sommeil ne nous concernent pas et nécessitent un suivi avec un neurologue spécialisé.
Néanmoins, accompagner des troubles du sommeil légers et fugaces peut faire partie des compétences de l'ostéopathe.
Comment ?

1-Avec la main : Le travail du système nerveux autonome dans un projet d'activation du parasympathique avec bien sûr une large place faite au nerf pneumogastrique : travail crânien, loge antérieure viscérale, sternum, abdomen, région cervicale...
Également, le système nerveux central à travers l'axe rachidien céphalo-caudal.
Le massage (rachis, visage, abdomen...) est aussi un acte manuel favorisant le sommeil.

2-Avec le verbe : en conseillant de la phyto-aromathérapie et/ou de la micronutrition.
Car, souvent, la nuit de sommeil se prépare dans la journée !
On pourra alors proposer de **respirer des H.E.** dans un mouchoir ou un stick inhalateur (voir le paragraphe à ce sujet dans le chapitre aromathérapie) chez des personnes tendues.

Aussi, des prises de **valériane** (valeriana officinalis) 1 à 3 fois dans la journée, associée à de l'**eschscholtzia** une heure avant le coucher. Supplémentation sur 8 à 10 jours.

Enfin nous pourrons proposer le **bourgeon de tilleul** en gemmothérapie. A prendre le soir dans un verre d'eau, à raison d'une goutte pour 10 kg de masse corporelle (5 gouttes pour une personne de 50 kg par exemple). Pendant 1 mois.
En micronutrition on pense aussi à la **mélatonine**, qui est donc l'hormone du sommeil et qui trouvera tout son intérêt chez les patients voyageant beaucoup et soumis au "jet lag". En dehors de cette situation il vaut mieux utiliser la mélatonine avec parcimonie puisqu'elle peut avoir tendance, sur le long terme, à entrer en concurrence avec la "vraie" mélatonine fabriquée par le cerveau humain.

Donc: narcolepsie, hypersomnie idiopathique, syndrome des jambes sans repos, apnée du sommeil etc....sont des pathologies dont le traitement est médical, mais les petits troubles liés au quotidien difficile (déménagement, deuil, tensions professionnelles, familiales etc....) peuvent trouver des éléments de réponse avec l'ostéopathie intégrative.

2-Le stress chronique

On le sait bien, si le stress est une réponse physiologique utile et vitale ponctuellement, il peut devenir un véritable abrasif inflammatoire s'il se chronicise.
Qu'il soit lié à un tempérament individuel ou à une histoire de vie particulière, le stress peut venir " de l'intérieur" et se rapproche alors d'un état anxieux quasi permanent. C'est dans cette situation que l'ostéopathie intégrative peut trouver un intérêt.
Lorsque le stress provient de l'environnement (professionnel, familial etc....), nous n'aurons bien évidemment aucune emprise dessus...
L'interdisciplinarité avec le psychologue est essentielle ici.

1-La main : Comme dans le domaine du sommeil, il sera bon d'agir sur les système nerveux, autonome et central, par le biais des structures anatomiques décrites ci-dessus.
Les massages thérapeutiques profonds permettant de détendre les muscles en profondeur seront source de libération d'hormones du bien-être et pourront être proposés 1 à 4 fois par mois.
2-Le verbe :
S'il y'a bien un domaine où il existe pléthore de conseils potentiels à proposer c'est dans ce contexte-là...les personnes ont à leur portée de nombreux outils : massage, relaxation, sauna, activité physique, sophrologie, micronutrition, phytothérapie, acupuncture etc....certains auront besoin de dépenses physiques régulières, d'autres de moment cocooning réguliers.
Dans tous les cas certains éléments pourront systématiquement être proposés :
-Micronutrition : Le **magnésium à haute dose** (de 600 à 800 mg par jour) pendant 5 ou 6 jours sera toujours aidant. Puis on redescend à 500/600 mg/ jour pendant 15 à 20 jours.

Il est possible de réaliser des cures de 3 semaines tous les trimestres chez les personnes stressée/anxieuse chronique.
Également, l'apport d'un complément en vitamines du groupe B sera très utile (Karoshil du laboratoire Le Stum par exemple). Ces dernières étant capitale dans l'équilibre du système nerveux.
-Aromathérapie : inhalation d'H.E. qui détendent : basilic exotique en première intention, marjolaine à coquilles, lavande vraie...10 gouttes dans un stick inhalateur à respirer à la demande.
-Phytothérapie : La rhodiole prise en EPS à raison de 15 ml/jour pendant 10 à 15 jours pourra être d'un bon secours lors de passages de vie difficiles.

3-Activités physiques (le manque).

On le sait tous : la sédentarité est néfaste pour la santé. ..
D'un point de vue métabolique, le manque de sport est pro-inflammatoire, alors qu'**une pratique sportive régulière possède une vertu tendant vers l'anti-inflammatoire.**
Que ce soit par les cascades hormonales associées, l'action sur les systèmes cardio-vasculaire et pulmonaire, le système osseux, articulaire, musculaire, graisseux, endocrinien etc....la pratique sportive reste source de nombreux bienfaits.
A contrario avec la sédentarité.
Bien que nous ne soyons ni préparateur physique, ni coach sportif, il nous est tout de même possible de conseiller, en tant qu'ostéopathe, par le verbe, à nos patients les plus sédentaires, de pratiquer une activité physique.
Il est aussi possible, voir fortement conseillé dans certains cas, de réorienter vers une prise en charge kinésithérapique de "réhabilitation/réadaptation sportive". En effet, le kiné reste le thérapeute de choix pour une remise sur pied sportive.

4-Nutrition

Chapitre immense, l'alimentation est bien trop vaste pour que ce modeste ouvrage y apporte sa contribution.
En revanche, être pragmatique face à des situations cliniques quotidiennes dans ce domaine est possible.
Pas question ici de jouer à l'apprenti médecin nutritionniste ou l'apprenti diététicien, il n'est question que de conseiller une voie vers l'anti -inflammatoire.
Ce qui fait consensus dans le milieu de l'alimentation santé c'est un **modèle alimentaire : celui dit "Crétois" ou "méditeranneen".**
Il s'agit du régime alimentaire le plus étudié scientifiquement montrant des effets protecteurs sur de nombreuses pathologies, en particulier cardio-vasculaires (diabète,infarctus,coronarites....) [21,22]

Il s'agit de faire la part belle aux **fruits et légumes**, aux **céréales entières, aux légumineuses** et **aromates**, de privilégier les **fruits de mer** à la viande, la viande blanche à la viande rouge et de ne consommer qu'occasionnellement des sucreries. L'**huile d'olive vierge** étant au centre de l'assaisonnement et de la cuisson.
A cela s'ajoute un mode de vie non sédentaire.

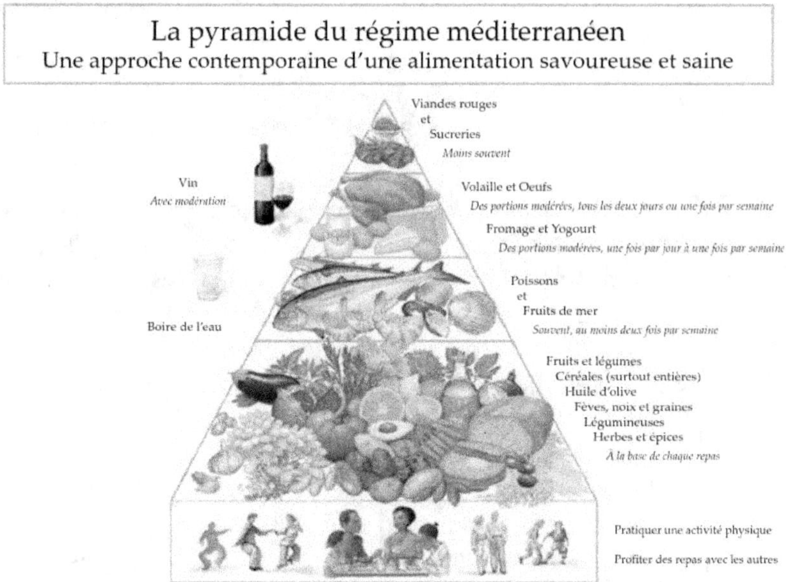

Antioxydants, omégas trois, prébiotiques, acides aminés essentiels etc...tous les bons nutriments nécessaires au fonctionnement optimal de l'organisme sont présents ici.

Équilibre alimentaire modèle et universel, le régime méditerraneen est important à connaître.

Surtout à notre époque où débarque chaque mois sur les réseaux sociaux ou ailleurs, un nouveau régime révolutionnaire : cétogène, paléo, végé, crudivore, pescetarien, etc...

5-La Toxicité

On parle de xénobiotiques (xéno=étranger/ bios= vie) pour qualifier tous les éléments étrangers qui sont potentiellement néfastes au métabolisme. Les premiers visés et les plus courants sont **l'alcool et le tabac**. Mais on peut aussi penser à certains **effets iatrogéniques.**
Ce qui est certain c'est que consommer au quotidien des toxiques est une source pro-inflammatoire voire pire...pourvoyeuse de maladies graves.
Il est donc toujours utile d'utiliser le verbe pour souligner les méfaits d'une consommation régulière toxique. Cela ne peut "qu'encrasser" les organes émonctoires (responsables de la détoxination) et ne peut qu'engendrer des réactions physiques néfastes.
Attention il n'est ici aucunement question de remettre en cause un traitement médicamenteux prescrit. Nous n'avons ni la formation ni la compétence pour cela...Mais seulement de pouvoir discuter avec nos patients de pratiques quotidiennes péjoratives pour leur santé.

Et, tout comme le dentiste observe visuellement une amélioration de l' état gingival de ses patients ayant arrêté de fumer, l'ostéopathe peut ressentir manuellement une meilleure vitalité tissulaire chez son patient ayant une meilleure hygiène de vie.

6-L'État émotionnel

La dépression est propice à l'inflammation. Ou l'inflammation est propice à la dépression ? Tout au moins le lien entre inflammation et pathologie mentale est avéré ce qui a fait naître des disciplines comme la psycho-neuro-immunologie ou l'immuno-psychiatrie. Il y'a un lien entre cytokines pro-inflammatoires, stress oxydatif et neurotoxicité.

La dépression et l'inflammation s'alimentent mutuellement.
Il est donc clair scientifiquement, et intuitif aussi, que le mal-être ne peut qu'être péjoratif pour se maintenir dans un état de santé optimal.

Si nous n'avons aucune compétence dans le domaine psychologique ou psychiatrique, il reste dans notre rôle de praticien de première intention de “lever le lièvre” et de mettre en avant cette grosse pierre qui entrave le processus d'auto-régulation: un problème majeur d'ordre psychologique.

Et, dans ces cas-là, il est de notre devoir de proposer une réorientation vers le médecin traitant ou le psychologue. L'ostéopathie ne peut pas grand chose face aux grands chamboulements psychologiques intimes.

L'interdisciplinarité sera ici la pièce maîtresse pour tenter d'amener du soulagement à un individu.

Même si ce dernier vient pour un torticolis ou une lombalgie chronique. Si chronologiquement la gêne physique est apparue après un bouleversement intérieur et que la corrélation est évidente alors l'ostéopathie pourra être aidante, mais le fond du problème doit absolument être réglé par un autre praticien (médecin généraliste, psychiatre, psychologue).

On le sait : la psyché possède un pouvoir immense qui peut se manifester de manière très intense somatiquement.

Il ne faut alors pas passer à côté.

7- Et la vitalité dans tout ça ?

Soutenir, optimiser, maintenir ou favoriser l'état de santé global des patients n'est-ce pas là le rôle principal de l'ostéopathie ?

Si l'hygiène de vie et les apports extérieurs(environnement, alimentation...) sont fondamentaux pour une bonne santé globale, quid des apports intérieurs?

Si chaque action sur les piliers "SSANTE" va favoriser la machinerie interne, où se situe le mécanisme d'autorégulation ?

Existe-t-il une force intérieure sur laquelle nous pouvons agir ?

Est-ce que le Chi chinois ou le Prana indien sont des réalités ?

Est-ce que le Mécanisme Respiratoire Primaire, source de tant de clivages dans le paysage ostéopathique, n'est-il pas finalement le ressenti de cette force vitale décrite dans les médecines orientales ?

Lorsque l'on étudie **la cellule,** avec ces mouvements internes permanents, dans les organites cytoplasmique (**mitochondries**, appareil de golgi, ribosomes etc...), au sein de la membrane (**pompe à protons,** protéines canalaires...), dans le noyau (mitose, meiose...) et dans les échanges intercellulaires, nous réalisons à quel point la machine tourne à plein régime. Que de mouvement, que de frottement, **que de chaleur émise !**

D'un point de vue tissulaire ensuite, il existe toujours beaucoup de mouvements. Dans l'organisme entier.

D'un point de vue organique. Rien que le péristaltisme entraîne une dynamique intérieure constante. Sans parler de la contractilité musculaire (lisse ou squeletique)...

N'oublions pas également les circulations sanguines et lymphatiques, ainsi que la permanence d'échanges d'influx nerveux parcourant le corps en entier.

Nous produisons de la chaleur, de l'électricité et du mouvement.

La main est-elle en capacité de les percevoir ?

La main est-elle un outil fiable dans la mesure de la vitalité globale d'un organisme ?

C'est la question à laquelle il nous faudrait répondre.

Et, dans notre pratique, la multiplicité des actes réalisés tend à converger sûrement vers une réponse positive à cette question.

Un ostéopathe peut-il prescrire ?

De manière légale, un ostéopathe, s'il n'est pas professionnel de santé, n'a aucun droit de prescription.
Si les professions médicales (sage-femme, dentiste, médecin) possèdent un vaste champ prescriptif, la plupart des professions paramédicales peuvent également prescrire avec un champ de délivrance bien précis.
D'après le Vidal: *"La rédaction d'une ordonnance relève de la compétence des médecins et de certains professionnels de santé, dans les limites nécessaires à leur exercice professionnel : chirurgiens-dentistes, sage-femmes, masseurs-kinésithérapeutes, pédicures-podologues, infirmiers, ergothérapeutes."*

1-Prescription/recommandation de produits thérapeutiques.

Ce que nous pouvons proposer, en tant qu'ostéopathe, sur une feuille annotée de notre tampon et signature, ce qui ressemble donc à une prescription, ne concerne que des produits que les patients peuvent acheter spontanément eux-mêmes. C'est-à dire des produits non remboursés par la sécurité sociale. On oriente alors l'auto-médication.
Nous pouvons donc conseiller des plantes, des H.E., des compléments alimentaires etc...

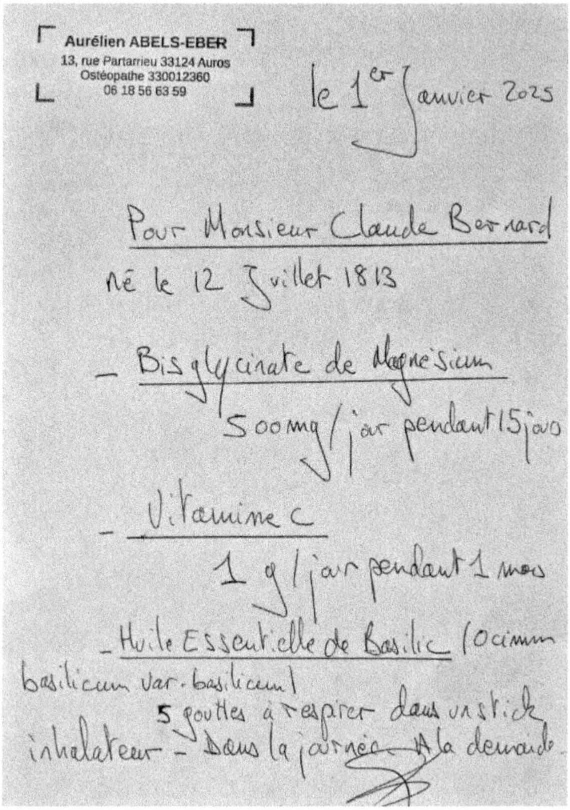

Aurélien ABELS-EBER
13, rue Partarrieu 33124 Auros
Ostéopathe 330012360
06 18 56 63 59

le 1er Janvier 2025

Pour Monsieur Claude Bernard
né le 12 Juillet 1813

- Bisglycinate de Magnésium
500mg/jour pendant 15 jours
- Vitamine C
1 g/jour pendant 1 mois
- Huile Essentielle de Basilic (Ocimum basilicum var. basilicum)
5 gouttes à respirer dans un stick inhalateur - Dans la journée - A la demande

Ce papier va permettre de nommer les produits conseillés et d'y ajouter la posologie, c'est-à-dire la fréquence et la durée d'utilisation des produits ainsi que la manière de les utiliser. C'est donc un "papier-conseil" qui va servir également d'intermédiaire entre nous et le pharmacien. C'est ce dernier qui a les compétences pour valider ou questionner la prescription que le patient lui propose.

Ce que la prescription doit contenir:

-Nom, prénom, adresse, numéro de téléphone du praticien

-Numéro Adeli et/ou RPPS

-La date

-Les noms, prénoms, date de naissance du patient

-La signature du praticien

A savoir: de nombreuses mutuelles remboursent l'automédication. Pour cela il est nécessaire d'envoyer la prescription ainsi que la facture de la pharmacie à la mutuelle.

2-Prescription/recommandation de dosage biologiques.

Dans ce domaine, il est très clair que nous n'avons aucune compétence.
Nous n'en avons pas la formation et quid des résultats obtenus si nous n'avons pas la possibilité d'engager un traitement en conséquence...?
Malgré tout, comme pour les produits thérapeutiques en vente libre, ***tout un chacun peut se payer des dosages biologiques dans un laboratoire d'analyses médicales.***
Donc, comme pour la vente libre en pharmacie, il est possible de conseiller les patients dans leurs démarches d'analyses, à la condition de posséder de solides connaissances en micro-nutrition.
Cela doit rester marginal et dans un but thérapeutique précis (voir mon étude sur l'iodurie dans les annexes).
Il est intéressant de conseiller des tests de dysbiose/candidose, dans le cadre de pathologies fonctionnelles globales (fibromyalgie, maladie de lyme, covid long ...). Ces derniers pourront révéler l'existence probable d'une hyperperméabilité intestinale, d'une dysbiose importante ou d'une candidose intestinale par exemple.
Ils s'effectuent dans tous les laboratoires d'analyses médicaux existants. A la réception des résultats, il faudra être en mesure de renvoyer vers un thérapeute aguerri dans ce domaine ou bien d'avoir les connaissances nécessaires pour conseiller les rééquilibrages alimentaires et les apports en micronutrition adéquats.

En outre, tous conseils d'analyse ou de compléments thérapeutiques doivent être fait en transparence avec le médecin traitant bien évidemment.

Autres outils naturels existants

1-La Médecine Traditionnelle Chinoise (MTC).

Cette médecine millénaire intégrative par essence peut bien se compléter avec l'ostéopathie.
La démarche diagnostic très spécifique et complexe nécessite des connaissances sérieuses et vastes.
Le traitement utilise entre autres: la pharmacopée, les massages, les manipulations, la moxibustion, l'acupuncture, les ventouses, l'activité physique, la respiration etc...

Il ya eu 141000 publications scientifiques concernant l'acupuncture entre 1973 et 2006! Plusieurs essais contrôlés randomisés se sont portés sur le domaine de la gynécologie-obstétrique relatifs aux nausées, lombalgies, versions foetales, douleur à l'accouchement, lactation...

Côté ostéopathie il est intéressant de constater qu'un appui prolongé sur certaines zones du corps s'apparente en fait à de la digitopuncture...qu'il est fréquent de travailler sur une partie d'un méridien avec les mains sans le vouloir, comme le méridien de la vessie par exemple qui chemine dans les muscles paravertébraux.

Il est aussi possible, en tant que kinésithérapeute, d'exercer la méthode du "dry-needling". Il s'agit d'acupuncture dite "sèche" avec application des aiguilles sur des triggers point.
C'est un outil de médecine chinoise réadapté à la sauce médecine de rééducation.
Très efficace sur les levées de contracture, c'est aussi un outil facile d'utilisation par application d'aiguilles sur les points douloureux.

2-La médecine ayurvédique.

Antérieure à la médecine chinoise, la médecine du sous-continent indien est une des mères de toutes les médecines actuelles.
Le yoga, qui est décliné à toutes les sauces à notre époque, l'apport d'épices dans l'alimentation (curcuma+++), la pharmacopée, les cataplasmes, la phytothérapie, le travail spirituel, l'évidence d'une entité corps-esprit inséparable, les massages, la marmathérapie etc....
La médecine ayurvédique apporte également une lecture individualisée avec l'équilibre des 3 personnalités: Vata, Pitta et kapha.

Tout cela peut-être d'une excellente complémentarité avec l'abord ostéopathique.

3- Autres thérapeutiques

Dans le domaine de la médecine manuelle et de la médecine de rééducation, trois outils intéressants peuvent être mis en avant:

1-**Le taping** ou l'utilisation de bandes collantes élastiques souples. Particulièrement bénéfique dans les phénomènes inflammatoires modérés (2017, Castets Guillaume "le taping en kinésithérapie", mémoire de fin d'études de kinésithérapie, gérone) pourra être un allié efficace pour des patients en phase aiguë (lumbago, tendinite...).
C'est une aide très efficace en cas de tendinopathie du sus-épineux ou du long biceps. En effet ce dernier va "suppléer" l'action tendineuse défaillante le temps de la pose.
Enfin, en cas de fissure ou de fracture de côtes, c'est LE geste qui soulage le mieux (voir la vidéo, et les commentaires associés : *"fissures et fractures de côtes. On peut faire quelque chose", La main et le Verbe, chaîne youtube).*

Chez le sportif, le tape est très précieux en cas de tendinopathie ou bursite achiléénne, de séquelles d'entorse acromio-claviculaire, de contractures rachidiennes etc...ce dernier sera posé avant l'effort sportif (entraînement ou match) et retiré aussitôt ensuite.
La seule précaution à prendre avec ces bandes est de ne pas les laisser en place plus de 3 jours. Certains individus étant intolérants à la colle, en particulier les personnes âgées.
Ces bandes passent sous l'eau et peuvent rester en place 2 à 3 jours.

2-**Le "dry needling"** cité précédemment. Cette "acupuncture sèche" permet principalement d'agir sur les troubles musculaires par l'intermédiaire des triggers points.

Ces derniers étant aussi pour la plupart des points d'acupuncture (Vb 20 et GI5 par exemple). Méthode également très utilisée dans le domaine sportif.

Enfin **l'echoscopie ou échographie non diagnostique** est un outil qui peut se révéler intéressant (voir chapitre suivant).

On peut également citer l'homéopathie, l'hypnose et toutes pratiques de santé naturelle sanctionnées par un diplôme universitaire, garant d'un certain sérieux quant aux bénéfices que ces dernières peuvent apporter.

Pour aller plus loin: l'échoscopie en ostéopathie.

En tant que praticien de première intention, maîtriser l'échographie musculosquelettique permet de débrouiller les pathologies graves qui ne sont pas de notre ressort (rupture tendineuse, déchirure musculaire...) et de renvoyer au plus vite vers le praticien qui convient.
C'est aussi une belle manière de suivre l'évolution de notre traitement.

D'une forte utilité dans le domaine sportif, il reste que cet acte technique n'est pas considéré comme un acte diagnostic lorsqu'il est pratiqué par un kinésithérapeute ou un ostéopathe. Si on observe une rupture du sus-épineux chez un patient, il faudra de toute manière que ce dernier passe par la case radiologue pour se voir affublé d'un diagnostic.
Tant qu'il n'existera pas de diplôme universitaire pour kiné ou ostéopathe, il n'y'aura pas de cotation possible.
Aujourd'hui, il s'agit donc d'une plus-value pour le praticien et le patient, mais qui nécessite un investissement financier non négligeable (achat de l'appareil et coût des formations), ainsi qu'un investissement intellectuel véritable, mais passionnant!

Il est possible de se former en échographie ou échoscopie quand on est ostéopathe. Dans le domaine du musculosquelettique (MSK) préférentiellement.
L'objectif est d'observer l'évolution des tissus que l'on traite: l'épaisseur d'une bourse articulaire, la mesure d'une zone hypoéchogène au sein d'un tendon ou d'un chef musculaire, signant une rupture fibrillaire, un oedème etc...

Seul un médecin, ou une sage-femme (dans le domaine gynéco-obstétrique) peut délivrer un diagnostic échographique.
On parle d'échoscopie lorsque la finalité n'est pas un diagnostic, mais une observation d'image.

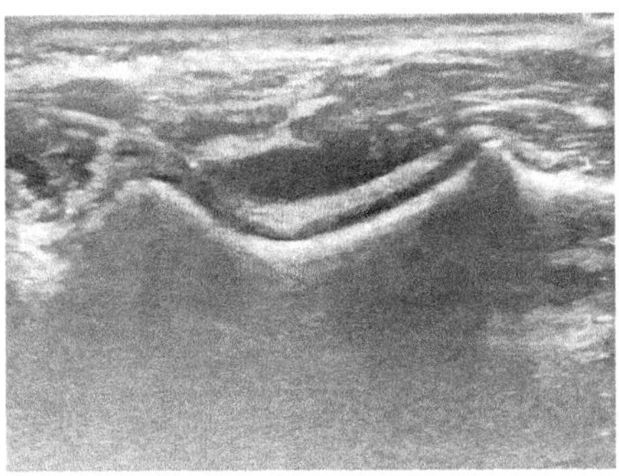

Trochlée ulnaire

Légalement, il est difficile de facturer cet acte (excepté dans un bilan diagnostic kinésithérapique lorsque l'on est kiné, mais il n'existe pas de cotation pour cela), encore plus en pratique ostéopathique.
Ajoutons à cela qu'un patient réalisant une échoscopie chez un kiné ou un ostéopathe sera la plupart du temps renvoyé pour une échographie diagnostic chez un radiologue.

L'achat de l'appareil représente un certain investissement (de 5000 à 20 000 euros) et, pour finir, la maîtrise de l'acte technique nécessite des mois, voire des années de pratique.

Cela peut décourager…

Mais dans un contexte où il faut parfois patienter un mois pour obtenir une échographie, la maîtrise de l'echoscopie peut permettre de débroussailler un peu les choses lorsque le dialogue ostéopathe/ médecin traitant est bon.

On en revient donc à la nécessité de l'INTERDISCIPLINARITE si fondamentale à notre époque dans une prise en charge globale et cohérente des patients.

Faire de l'échoscopie, c'est alors pratiquer une ostéopathie intégrative mêlant intradisciplinarité (acte technique supplémentaire) et interdisciplinarité (dialogue entre ostéopathe et médecin autour du patient).

Le domaine sportif: un exemple d'intégrativité.

S'il existe bien un domaine où l'ostéopathie intégrative prend tout son sens, c'est celui du sport.
En effet, au sein d'une équipe sportive, l'ostéopathe pratique **l'Interdisciplinarité** au quotidien : il est amené à **communiquer en permanence avec tout le staff** technique : entraîneur, préparateur physique, kinésithérapeute, médecin etc..

Il est aussi primordial que l'ostéopathe d'une équipe sportive exerce en **intradisciplinarité.**
Ses patients ont une vision de leur corps très affutée et sont très au courant des différentes techniques de thérapies manuelles existantes (**massages, mobilisations passives, manipulation articulaire** etc...), ainsi que de leurs adjuvants. La physiothérapie en particulier (presso, cryo, électro, ultrasono-thérapie, etc...) mais également les autres outils existants (ventouses, dry-needling..). Il est donc important que l'ostéopathe d'une équipe sportive possède plusieurs casquettes thérapeutiques.
Il sera en effet demandé, dans ce contexte, un maximum d'efficacité en un minimum de temps!

C'est LE domaine où l'ostéopathie intégrative est présente et fonctionne déjà.

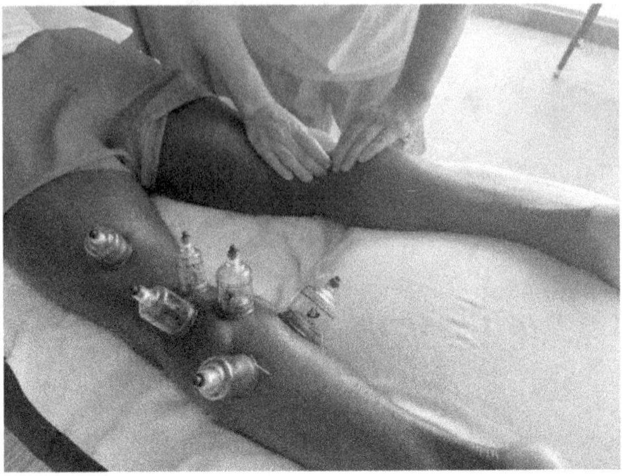

Cupping-thérapie,dry-needling et massages associés sur un footballeur professionnel.
(Puerto Rico, Novembre 2024).

Exemples de prise en charge en ostéopathie intégrative

1-Le foie

Combien de fois cet organe nous paraît important dans la symptomatologie de nos patients?
De par son côté mécanique, avec un poids moyen de 2kg500, sa proximité avec le diaphragme, son imposante masse peut régir un dysfonctionnement inspiratoire ou une mobilité costale ou encore une souffrance dorsale.
De par son côté métabolique, lui qui intervient de manière prépondérante dans environ 300 réactions biochimiques du corps humain. Le seul qui possède un rôle de détoxification, nous permettant de survivre face aux agressions xeno et iatrogéniques morbides. Celui qui est essentiel dans la fabrication d'hormones stéroïdiennes, dans le métabolisme de la vitamine D3, dans le bon fonctionnement digestif bien sûr etc...
Sa masse aura donc un rôle prépondérant dans certaines attractions tissulaires et, aussi, son rôle métabolique pourra nous révéler sa mise en cause dans certains troubles décrits dans la liste ci-dessous.

On pourra suspecter un trouble fonctionnel hépatique dans les cas suivants:

-Une constipation chronique.
-Une gêne dorsale moyenne chronique autour de T9 (métamère).
-Une intolérance aux repas gras et/ou à l'ingestion de petites quantités d'alcool (nausées concomitantes).
-Une douleur chronique de l'épaule droite résistante à tous traitements et sans cause anatomique révélée.
-Une sciatique droite sans cause anatomique et rebelle à tous traitements.

-Une névralgie d'Arnold droite chronique non cervicogène ou d'origine cérébrale.
-Une consommation massive de laitages au quotidien (3 yaourts par jour ou un bol de lait).
-Une attraction tissulaire nette vers la zone hépatique lorsque la main est posée sur le sternum ou sur le grill costal.

Lorsque le trouble fonctionnel paraît clair et qu'il est médicalement validé qu'aucune pathologie hépatique grave n'est révélée (dosages biologiques et imageries), alors l'ostéopathie intégrative devient fort intéressante.

Nous pourrons alors procéder de la sorte:

-Hygiène de vie:
Conseiller l'arrêt de l'alcool et du tabac.

-Alimentation santé:
Arrêter pendant 1 mois la consommation de laitages si, et seulement si, celle-ci est quotidienne.

-Phytothérapie:
Conseiller une prise d'EPS de desmodium et chardon-Marie pendant 21 jours. Temps nécessaire à la régénération des tissus. Être attentif aux réactions éventuelles du patient. A priori, plus le foie sera "engorgé", plus la réaction thérapeutique pourra être forte. C'est à dire que les effets secondaires possibles que sont nausées et diarrhées pourront s'exprimer. C'est pour cela que nous conseillons un modus operandi en crescendo avec une augmentation progressive des doses. 99% du temps il n'y a pas de réactions fortes. Dans ces cas-là, nous pourrons proposer une cure 2 ou 3 fois par an de ce mélange anti-inflammatoires et régénérants.

-Cupping-thérapie:

L'application de ventouse à froid dans son dessein de détoxination pourra également ici trouver son bénéfice. Il sera alors intéressant de positionner les ventouses sur l'hémi grill costal droit ainsi que sous la face inférieure du foie. A exécuter 3 ou 4 fois par an. On laisse poser les ventouses de 10 à 20 minutes.

-Massage:

La détente du rachis dorsal haut et moyen sera un plus dans l'assouplissement des structures voisines de la zone hépatique, ainsi que les muscles intercostaux droits. On demandera alors une inspiration légère permettant de glisser ses doigts dans les interstices et on effectuera des pressions glissées profondes. On a donc un projet de détente structurelle autour du foie, dans le but de donner un maximum de liberté mécanique à ce noble organe.
Enfin, il sera aussi possible d'exercer un massage abdominal centré sur les trois quadrants supérieurs ainsi que sur le flanc droit.

-Ostéopathie:

Nous avons l'embarras du choix dans le traitement mécanique de cet organe.
Nous pouvons citer:
-L'artère hépatique
-Le petit omentum
-Le pompage du foie
-Le travail du grill costal droit
-L'assouplissement des vertèbres dorsales moyennes et basses
-Le travail tissulaire ou structurel du sternum
-Le travail tissulaire ou structurel des cervicales
-Le nerf phrénique droit
-L'occiput

-Hydrolathérapie

On pourra penser à l'hydrolat de carotte chez les personnes ne pouvant bénéficier de la phytothérapie (desmodium et chardon-Marie) qui peut être plus délicate à utiliser. C'est à dire les enfants entre 0 et 6 ans et les personnes âgées de plus de 75 ans.
A raison d'une cuillère à soupe 2 à 3 fois par jour dans un verre d'eau. Pendant 21 jours.

2-La thyroïde

Il arrive souvent que nous soyons face à des patients (plutôt des patientes d'ailleurs) qui présentent des signes d'hypo/d'hyper ou de dysthyroïdies avec des examens médicaux normaux.
Cet organe majeur dans le système endocrinien, qui régule de nombreuses fonctions métaboliques: hormones sexuelles, système osseux, système nerveux central, tissu graisseux, système vasculaire, phanères etc... peut se retrouver au cœur d'une problématique globale.
Lorsque le trouble fonctionnel est suspecté, nous pourrons alors procéder de la sorte:

-Micronutrition:

L'iodurie est un examen biologique très peu prescrit et qui est pourtant essentiel dans la vision précise du fonctionnement thyroïdien.
C'est un examen non remboursé, qu'il soit ordonné par un médecin généraliste ou un endocrinologue. Finalement, chacun peut le réaliser si bon lui semble.
Il est donc possible qu'un ostéopathe prescrive cet examen s' il met en doute un dysfonctionnement thyroïdien. Il peut aussi en faire la demande au médecin traitant du patient.

Cet examen nous révèle la teneur en iode de l'organisme et nous montre si le taux est normal ou si ilexiste un déficit ou une carence.

Dans le cas de déficits ou de carence, il nous sera alors possible de conseiller une prise d'iode quotidienne pendant un temps donné.

Pour tout un chacun le taux d'iode doit avoisiner les **100 µg/L**. Chez une femme enceinte ce taux doit atteindre les 250 µg/L. Nous pouvons considérer, chez la population générale, que des taux compris entre 50 et 100 µg/L constituent un déficit. Nous conseillerons alors, avec l'accord du médecin, une complémentation d'un cachet d'iode par jour pendant 1 à 3 mois. Refaire ensuite une iodurie et vérifier la valeur du taux. Aussi des constantes inférieures à 50µg/L seront considérées comme le reflet d'une carence. On pourra alors conseiller une supplémentation d'un cachet d'iode par jour pendant 3 à 6 mois. Refaire une iodurie après le traitement.

Gardons nous de prendre la place du médecin traitant! Mais dans les cas où les analyses sanguines (TSH, T3, T4 et anticorps antithyroxydase) sont bonnes, alors il est cohérent de proposer une iodurie. Prescrite par le médecin ou par vous-même, en accord avec ce dernier.

Nous vous renvoyons vers l'annexe synthétisant la petite étude réalisée au sein du cabinet concernant les taux d'iode de 75 patientes et leurs résultats.

<u>-Ostéopathie:</u>

Afin d'optimiser la physiologie de l'organe, les actes ostéopathiques pourront se concentrer autour de:

-La loge viscérale antérieure
-La charnière cervico-dorsale C7/T1
-Le sternum dans sa partie toute supérieure

-Les artères thyroïdiennes
-Le nerf phrénique
-Les clavicules
-Le rachis cervical dans son ensemble

-Cupping-thérapie:

Les ventouses pourront améliorer/soutenir le soin manuel avec une pose centrée autour de la charnière cervico-dorsale, ainsi que sur la partie supérieure du sternum. Le patient étant en latérocubitus par exemple.

3-Entorses

Ostéopathie: vérification des congruences articulaires: tibio-tarsienne/sous-astragalienne/péroné/cuboïde/pied/MIO/...
Puis chaîne mécanique lésionnelle: genou, hanche, rachis lombaire...

Manoeuvres tissulaire à visée drainante/desclérosante en direct sur l'articulation/l'oedème lors de la période aigüe.

Taping: pose d'un tape stabilisant et drainant. A garder 3 jours maximum.

On réalisera bien sûr un strap (elastomousse+elastoplaste) plutôt qu'un tape en fonction de la nécessité stabilisatrice et de la gravité de l'entorse.

Micronutrition:

-Porphyra umbilicalis dans le but d'accélérer le processus de cicatrisation
-Vitamine C: facilite le processus de cicatrisation et aide à diminuer les éventuels phénomènes inflammatoires trop importants (en complément d'un anti-inflammatoire type ketoprofène à donner 48h après la blessure en fonction de la douleur ressentie).

Cupping-thérapie:

Pose de 2 ou 3 ventouses le long du mollet. Application 5 à 10 minutes 2 fois dans la semaine.

Aromathérapie:

Hélichryse Italienne (cf bonne utilisation des H.E.): 5 gouttes+ 5 gouttes d'huile végétale 2 à 3 fois par jour pendant 6 jours maximum. faire après l'ablation du strap si il existe.
L'effet anti-douleur et décongestionnant est très perceptible avec cette H.E. "anti-traumas".

Autres:

-Bains écossais: Particulièrement efficace contre les oedèmes rebelles.
Il s'agit d'alterner du chaud et du froid.
On prépare deux bassines : eau chaude (35/40°) et une eau froide (10° environ).
Le patient alterne l'immersion de la partie concernée une minute dans chaque bassine. A réaliser pendant environ 10/15 minutes. Il faut terminer par le froid. A faire 2 fois par jour le temps que l'oedème diminue.

4-Arthrose

Il faut différencier la prise en charge de la crise d'arthrose inflammatoire douloureuse avec la prise en charge de la phase froide où l'arthrose ne fait pas mal.

Hypoinflammation: Il est nécessaire de chercher "la grosse pierre qui entrave le système" et potentiellement provoquer des phases inflammatoires. Chercher dans les 6 piliers SSANTE, quel est celui le plus probant.
J'ai eu la chance de pouvoir réaliser des consultations ostéopathiques pré-opératoires
au sein d'une clinique orthopédique, concernant des patients attendant une chirurgie de Hanche ou de genou liée à l'arthrose.
Le pilier le plus redondant était une consommation forte de produits laitiers au quotidien et depuis des années: bol de lait le matin, 3 yaourts par jour, café au lait....
En deuxième position est arrivé le manque de sommeil.
Diminuer la douleur arthrosique, c'est donc d'abord découvrir le pilier inflammatoire le plus évident. Comme dans toute atteinte inflammatoire de bas-grade.

Activité physique: Il faut continuer l'activité physique lorsque l'arthrose est installée, cela est essentiel tant au niveau de l'antalgie qu'en terme de conservation d'une biomécanique la plus physiologique possible (lubrification articulaire, congruence, souplesse musculaire etc...).

techniques	Phase froide	Phase chaude
Piliers inflammatoires	x	
Activité physique adaptée	x	
Aromathérapie		x
Micronutrition	x	

Phytothérapie	x	x
Cupping-thérapie	x	x
Massage	x	x
Taping		x
Ostéopathie	x	x

Aromathérapie: Phase Chaude UNIQUEMENT. On pourra utiliser des baumes tout prêts, type baume du tigre ou proposer des lotions à faire soi-même. Par exemple Estragon 60% (artemisia dracunculus)/ Lavande vraie 20%(lavandula officinalis)/ Gaultherie couchée 20% (gaultheria procumbens) dilué dans de l'huile végétale à 50%. Application 2 fois par jour pendant 6 jours maximum.

Micronutrition :

-Magnésium: l'effet myorelaxant et son impact sur la solidité osseuse (complexe hydroxyapathite/calcium et magnésium) en fait le choix de roi pour l'arthrose. Complémentation régulière tout au long de l'année.

Réaliser un dosage sanguin de magnésium intracellulaire une à deux fois par an.

-Silicium organique: cet oligo-élement essentiel à l'élaboration du collagène, semble apporter un soutien non négligeable aux patients atteints d'arthrose chronique: diminution de l'intensité et de la fréquence des douleurs.

Le métabolisme du collagène est en effet dépendant de la silice qui ponte les chaînes de galactosaminoglycanes sur l'acide hyaluronique dans la matrice extra cellulaire.

-Hydrolisat de collagène: Cette protéine, associée à l'hydroxyapatite, constitue la base de la construction du tissu osseux.

Il existe 28 types différents de collagène. Le type 1 constitue 90% des tissus humains.

La prise de collagène semble protéger de la dégradation naturelle du cartilage.

Phytothérapie :

-EPS de curcuma: A raison de cures de 15 ml/ jour pendant 3 semaines.
Effet anti-inflammatoire marqué.

<u>Cupping-thérapie:</u>

Détendre les tissus mous est primordial pour garder une souplesse articulaire. En cela, l'action régulière des ventouses, hors phase chaude, permettra une détente optimale des structures molles périarticulaires. Dans ce cas, la pose englobe plutôt **les structures tendineuses**.
En phase inflammatoire, les ventouses peuvent être une aide allant dans ce sens.
Ici, ce seront plutôt **les ligaments** qui seront visés.

<u>Massages:</u>

En phase froide, le massage régulier, apportera, comme les ventouses, une détente des structures molles périarticulaires. Il favorise donc la souplesse articulaire. L'action microcirculatoire sera également aidante.
Il est bon de pratiquer des massages appuyés, non douloureux, autour des articulations concernées. Les pétrissages superficiels sur les articulations seront aussi intéressants à mettre en œuvre ici.Un massage d'une heure par mois semble être un bon rythme.
On peut penser aussi à la pressothérapie, très efficace également.
En phase chaude, l'objet sera plutôt de favoriser le drainage du liquide inflammatoire par un massage plus superficiel. On favorise alors le drainage par des pressions statiques légères sur les carrefours artério-veineux et des pressions glissées superficielles.

<u>Le taping :</u>
Il sera particulièrement utile et apprécié lors des phases inflammatoires. En effet, cette "immobilisation dans la

mobilité" à l'action lymphatique, permettra une vraie aide à l'antalgie pendant 2 à 3 jours en cas de crises arthrosiques. Cela n'empêchera en rien d'y rajouter une genouillère par exemple en cas de gonarthrose. Le tape est là pour accompagner le paroxysme de la crise, c'est-à dire pendant 3 à 4 jours maximum.

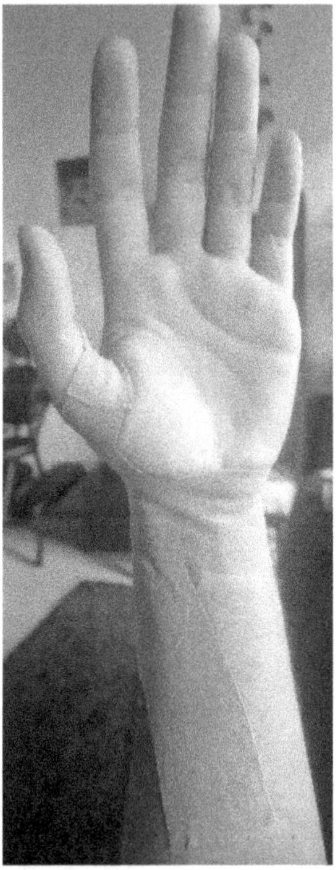

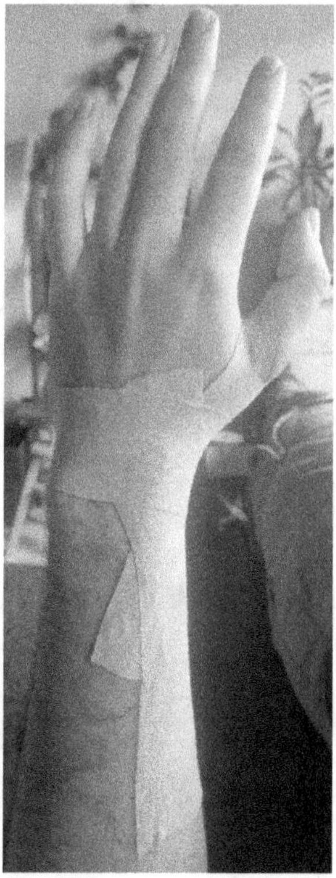

exemple de tape sur une rizarthrose

L'ostéopathie :

Les techniques et zones à traiter sont trop vastes pour tenter d'en faire une liste...
D'une manière générale nous pouvons proposer :

→L'abord articulaire :
-Pompages des petites articulations (pied, cheville), ainsi que de la femoro-patellaire.1
-Travail en profondeur des capsules (épaule), cul-de-sac (genou), ligaments et tendons. Par pression punctiforme, micro mobilisation passive, pressions glissées profondes, massage des enthèses, travail des fascias et des périostes.1;2
-mobilisation passive douce dans les grandes amplitudes.1;2

→L'abord vasculaire:
-pompage veineux par pressions statiques.1;2
-Libération artérielle (recoil, étirement tissulaire)1;2
-Drainage lymphatique manuel.2++; 1

→L'abord musculaire :
-Recherche de mouvement total dans les 3 plans de l'espace des chefs musculaires : les plans superficiels doivent glisser au mieux sur les plans profonds.1

1: Phase froide
2: Phase chaude

5-Fissures et fractures

Ostéopathie: Aucun acte manuel bien évidemment en cas de solution de continuité osseuse...

Micronutrition: Le but sera ici d'apporter des oligo-éléments importants pour favoriser la cicatrisation osseuse.
La structure osseuse étant constituée d'un noyau phospho-calcique solidifié par des atomes de Magnésium, alors les micronutriments seront intéressants à conseiller:

-Magnésium: 600 mg à 1 g/ jour pendant 15 jours (en fonction des bilans biologiques obtenus au préalable).
-Vitamine D3: 600 à 1000 UI/ jour pendant 1 mois (en fonction des bilans biologiques obtenus au préalable).
-Vitamine C: 1 gramme/ jour.

L'apport alimentaire de calcium sera bien évidemment important dans ce contexte. On trouve ce micronutriment dans les produits laitiers mais également dans la viande rouge ou certains oléagineux..

Taping: La pose d'un tape sera d'une forte utilité antalgique particulièrement en cas de fissures ou de fractures de côtes ou du sternum, zones anatomiques non concernées par des immobilisations plâtrées ou de résine.
Une ceinture thoracique pourra être prescrite également, car remboursée par la sécurité sociale (si vous êtes kiné ou médecin). Mais elle s'avère parfois plus gênante que soulageante.

Voir la vidéo *"fissures et fractures de côtes, on peut faire quelque chose"*, chaîne you tube *"la main et le verbe"*.

6- Le bruxisme

Très bon exemple d'interdisciplinarité, le bruxisme, par ses causes multiples, centrées autour du stress, de l'anxiété mais également autour de la sphère manducatrice et de la mécanique faciale, cette pathologie nécessite un aréopage de thérapeutes le plus souvent.

L'ostéopathie trouvera toute sa place dans la détente directe de la sphère crânienne et en particulier des ATM et de la face.
On peut donc y intégrer le massage de la face, les manipulations ostéo fasciales faciales, le travail tissulaire de la base crânienne et du rachis cervical haut. Les manipulations structurelles du rachis cervical. Aussi la détente globale du système nerveux central, en passant par des actions neurovégétatives crâniennes, sternales, abdominales et sacrées.
On pourra aussi travailler les muscles du plancher buccal.

A cela s'ajoute la nécessité de proposer une gouttière faite par le chirurgien dentiste. Ou de conseiller des prothèses buccale souples diurnes ou nocturnes (type machourelax) pour diminuer les tensions sur les ATM lors du serrage de dents.

Il pourra être aussi souvent pertinent de renvoyer certains patients en consultation psychologique afin qu'il "vide leur sac", verbalise les tensions intérieures qui leurs font serrer les dents.

On pourra aussi aiguiller certains vers de la sophrologie ou de la réflexologie ou vers des massages thérapeutiques profonds permettant une détente forte du système nerveux central.
Il est aussi possible de proposer des aides phytothérapiques comme des EPS ou l'inhalation de certaines H.E. :

<u>-Phytothérapie:</u>

-Valériane en EPS (comprimé ou liquide) 2 à 3 comprimés ou 15 à 20 ml par jour.
-Eschscholtzia en EPS (comprimé ou liquide) 1 à 2 comprimés le soir au coucher ou 15 ml.
L'objectif étant d'agir sur une détente du système nerveux et de "casser" la boucle anxiété/serrage de la mâchoire.

<u>-Aromathérapie :</u>

-H.E.de Lavande vraie (lavandula angustifolia): 1 goutte sur chaque masséter avec 1 goutte d'huille végétale: auto-massage léger une à deux fois par jour pendant 6 jours maximums.

-H.E. de basilic exotique (ocimum basilicum) à respirer à l'envie dans un stick inhalateur ou sur un mouchoir. H.E. royale pour une stimulation du parasympathique.
Si l'odeur du basilic n'est pas appréciée, (ce qui n'est pas rare, car l'odeur de ce basilic se rapproche plus du réglisse que de l'odeur classique du basilic grand vert que nous utilisons en cuisine) il sera conseillé de respirer un agrume.

Quel qu'il soit, tout agrume aura un tropisme vers une détente du système nerveux.
On peut donc citer :
-Bergamote (citrus bergamia), mandarine verte(citrus reticulata), citron (citrus limon), pamplemousse (citrus paradisii), petit grain bigarade(citrus aurantium), orange douce (citrus aurantium dulcis)etc...

Tendre vers la détente nerveuse pendant la journée aura pour objectif un relâchement musculaire, donc un relâchement des muscles temporaux et masséters.

7-La fibromyalgie

Faisceau de symptômes singuliers plutôt que pathologie à part entière, le patient atteint de fibromyalgie se distingue par des perceptions à fleur de peau.
En cela, il semble important de traiter ces individus par une approche "cocooning". Ce sont en effet, la plupart du temps, des gens très sensibles au stress et , aussi, à la nociception tactile.

-Ostéopathie: Les techniques tissulaires et biodynamiques semblent celles qui conviennent le mieux. Les patients fibromyalgiques sont très réceptifs aux traitements crâniens et viscéraux doux. Le travail sous-occipital, sternal et diaphragmatique trouvera toujours une résonance importante. Le projet de détente du système nerveux central sera toujours la boussole dans ce genre de traitement. Il faut tendre vers une main légère, réceptive à la détente globale de la personne.

-Massage: Les pressions glissées superficielles seront les bienvenues. Un massage léger, peu appuyé, au niveau du rachis ou des membres inférieurs par exemple.

-Cupping thérapie et dry-needling pourront être proposés, mais en s'adaptant à chaque individu et en fuyant au maximum la nociception.

-Micro-nutrition: Le conseil de supplémentation en magnésium sera le premier réflexe. Dans un objectif de détente musculaire et de détente du système nerveux centraL

-Aromathérapie: On pourra conseiller une olfaction d'H.E. relaxantes du SNC, comme le basilic exotique, la marjolaine à coquilles ou certains agrumes (bergamotte, orange douce....).

A respirer dans un stick inhalateur ou un mouchoir. Au quotidien et à la demande.

8-Anxiété/troubles émotionnels

-Ostéopathie: Toutes les techniques permettant d'agir sur le nerf vague et de favoriser le système parasympathique:
-Travail sous-occipital
-Détente sternale
-Lâcher des tensions abdominales

-Massage:
Masser le rachis avec des pressions glissées profondes dans un objectif de détente. Les manœuvres seront lentes et appuyées.

Aromathérapie:
Olfaction d'H.E. relaxante (tous les agrumes,la lavande vraie, marjolaine à coquilles...) ou adaptogène (basilic exotique)
Même protocole que dans le bruxisme.

Phytothérapie:
Même conseils que pour le bruxisme

9-Préconceptionnel

Aucune prétention de remplacer la sage-femme, le gynécologue ou le médecin traitant, mais il est intéressant de s'intéresser à cette période si capitale pour la femme.

-Micronutrition:

Si la vitamine B9 (acide folique) est donnée systèmatiquement en préconceptionnel et lors du premier trimestre de la grossesse, d'autres oligo-éléments sont capitaux lors de la phase pré-conceptionnel.

--> L'iode: Rappelons qu'il est essentiel à la bonne marche thyroïdienne et sa carence est directement relié au crétinisme. Pas assez de femmes n'ont droit au dosage de l'iode dans les urines: l'iodurie (voir l'annexe à ce sujet).
C'est pourtant capital pour le développement fœtal.

Il existe des compléments alimentaires spécialement étudiés pour les femmes enceintes, tel que feminabiane conception (Pileje) par exemple. Il est donc intéressant de les conseiller tout au long de la grossesse.

-Ostéopathie:

Il nous semble nécessaire de vérifier la vitalité globale de la future maman. Pour cela nous pourrons utiliser les outils manuels qui nous correspondent. Par exemple : la bonne "respiration" crânienne, la souplesse sternale ou la cohérence cranio-sacrée.
De manière plus locale, nous nous intéresserons à
-La loge thyroïdienne

-Tous les organes du petit bassin ainsi que leurs rapports ostéo-méso-ligamentaires, en particulier avec le sacrum.

Dans notre pratique, toutes les femmes enceintes suivis en ostéopathie tissulaire, accompagnée par de l'acupuncture réalisée par une sage-femme ont accouchés de manière fluide, simple et sans complication.
Nous n'avons malheureusement pas fait d'étude à ce sujet (manque de temps et de moyens), mais les résultats sont là: une femme en projet de grossesse et lorsqu'elle est enceinte par la suite ne peut que tirer des bénéfices par un accompagnement pluridisciplinaire qui fait la voie belle à la vitalité : qu'elle soit d'ordre métabolique, énergétique et tissulaire.

10-Céphalées et migraines

Attention! Il faudra que tous les diagnostics différentiels médicaux soient passés! Le chapitre des céphalées est trop vaste, médicalement parlant, pour se lancer dans un traitement ostéopathique " à l'aveugle".
Lorsqu'aucune cause organique ne sera retrouvée alors nous pourrons agir.

1-Traitement ostéopathique général: on retrouve, là encore, la nécessité d'avoir un équilibre entre les 3 pièces osseuses que sont le sacrum/ la sternum/ et l'occiput.
Comme d'habitude ce terrain équilibré sera la première chose à rechercher et à optimiser.
Il faudra donc insister sur la boule crânienne si celle-ci nous semble importante à traiter ou bien le sternum et son environnement ou bien le sacrum et son environnement. Une fois que chaque pièce osseuse sera fluide et souple dans son environnement, alors, il faudra s'assurer que ces dernières marchent bien tissulairement et dynamiquement parlant, ensemble (technique du core-link par exemple).
La plupart du temps, il faudra prendre en charge et détendre le rachis dorsal haut (T1/T2/T3/T4), souvent incriminés. En effet, le rachis dorsal haut reste le socle biomécanique du rachis cervical. Si le premier est limité en termes de mouvement, alors le deuxième devra augmenter sa mobilité pour pallier au déficit du "socle". Cela est donc pourvoyeur d'inflammation par excès de mouvement.
Aussi, cela semble évident, les régions sous-occipitales devront être évaluées, et traitées si nécessaire, avec attention: points de pressions, technique de Jones, manipulation structurelle, dry-needling etc...

2-Les 6 piliers inflammatoires: Agir en conséquence:.
Si 1 ou 2 piliers ressortent de manière évidente, alors il faudra utiliser la main ou le verbe en fonction.

3-Terrain de bruxisme: voir les conseils.

4-Terrain d'anxiété: voir les conseils.

5-Micronutrition: la prise de magnésium à hauteur d'au moins 600 mg/ jour pendant 15 jours ne pourra qu'être que bénéfique. On pourra aussi conseiller une prise de 600 mg d'une traite en cas de crise.

6- Le massage global du rachis ne pourra qu'être bénéfique, en donnant une part belle au rachis dorsal haut, ainsi qu'au rachis cervical.

Conclusion

L'ostéopathie intégrative propose donc une convergence de thérapeutiques naturelles dont le socle reste la thérapie manuelle.

Cela reste cependant un choix personnel de mettre en application cette variété de connaissances théoriques et pratiques.

Il peut alors en découler une maîtrise solide de différents outils sans pour autant être un hyperspécialiste de chaque domaine.

C'est un chemin possible : tendre vers l'approche généraliste plutôt que l'approche spécialiste.

Autrement dit: "***faire un peu de tout, plutôt que faire tout d'un peu***".

Nous ne voyons pas cela comme réducteur, mais plutôt comme une ouverture à un large champ des possibles.

Nous l'avons cependant assez répété dans l'ouvrage: il est essentiel d'être spécialiste de l'ostéopathie pour se revendiquer à pratiquer de l'ostéopathie intégrative. Cela en est le fondement indétachable.

Néanmoins, pour tenter de répondre au mieux aux cas cliniques d'une extrême hétérogénéité que l'on rencontre au quotidien au sein de nos cabinets, il est bon de se pencher sur des notions comme l'interdisciplinarité et l'intradisciplinarité.

Ces dernières, lorsqu'elles sont utilisées à bon escient, donnent toujours plus de force à nos actes thérapeutiques.

Savoir comment utiliser de la meilleure manière et dans le meilleur contexte la main ou bien le verbe.

Savoir comment éclairer d'un jour nouveau cette médecine manuelle extraordinaire qu'est l'ostéopathie.

ANNEXES

1-Les bruits viscéraux :

Les borborygmes possèdent généralement une connotation négative. Comme s'il s'agissait de bruits parasites anormaux. Pour preuve, la majorité des gens allongés sur la table et qui entendent leurs propres bruits viscéraux (stomacal, intestinal...) s'excuse pour la gêne sonore occasionnée ou se tapote le ventre en lui demandant d'arrêter cela.

C'est, de mon point de vue, prendre le sujet à l'envers.

Il me semble en effet que les bruits viscéraux entendus pendant une séance ne sont pas anodins et négatifs mais traduisent vraisemblablement une action profonde sur le système neurovégétatif.

C'est le système parasympathique, ou acetylcholinergique, constitué du nerf vague et du plexus sacré qui nous intéresse ici. En effet ce dernier a pour rôle, la plupart du temps, une détente des muscles lisses (excepté pour l'iris, les alvéoles pulmonaires et une partie de la vessie), donc des organes de l'abdomen.
Il ne faut pas oublier que le nerf vague possède un rôle primordial dans le péristaltisme et la motilité viscérale. Particulièrement concernant le tractus digestif haut.
Lorsque ces borborygmes sont concomitants à un relâchement tissulaire perçu sous les doigts, alors il est logique de se poser la question du rapport action tissulaire manuelle/déclenchement sonore de bruit viscéral.
L'ostéopathe ayant souvent un projet de mise en parasympathique de l'organisme, principalement par action sur le nerf vague, alors la corrélation peut s'envisager.
Rappelons que le nerf vague est accessible dans ces zones anatomiques:

-Au crâne: foramen jugulaire.
-colonne cervicale
-Gaine carotidienne: entre l'artère carotide commune et la veine jugulaire interne.
-Au niveau de l'oesophage dans la traversée diaphragmatique.
-Le sternum dans son entier, par appui profond.

Enfin le plexus sacré peut être stimulé probablement par action manuelle sur le sacrum.

La question fondamentale reste celle-ci: Peut-on stimuler le système parasympathique avec une action manuelle??

Jean Pierre Barral démontre qu'il y'a une action manuelle sur le nerf vague grâce à l'évaluation de la fréquence cardiaque et de la tension artérielle avant et après manipulation.
A ces signes objectifs, je rajouterai alors ces bruits digestifs que l'on va provoquer lors de notre apposition de la main sur des zones précises en lien avec le système neurovégétatif parasympathique.
Je pense donc que l'apparition de ces bruits digestifs est un signe objectif de détente profonde du patient.
Dans mon expérience, le plus frappant est lorsque l'on pose une main souple et chaude sur le sternum avec accompagnement tissulaire que nous obtenons les bruits les plus "spectaculaires", ainsi que lors de la technique du core-link avec focalisation, attention, sur la zone abdominale.

2-Etude personnelle sur l'iodurie.

Depuis 2017, je compile les résultats d'iodurie de patientes. Ces dernières sont toutes des femmes qui :

- Présentent des symptômes thyroïdiens avec un bilan thyroïdien normal.

- Ou, sont dans une démarche pré conceptionnelle

- Ou, ont des troubles liés à la ménopause ou à la préménopause.

L'iodurie est donc le dosage du taux d'iode dans l'urine. Ce dernier se mesure en microgramme/ litres (µg/L) ou µG/24h ou nanomoles/litres (nmol/L) ou nmol/24h.

Cette "mini-étude" compte 59 patientes et les résultats sont résumés sous forme d'histogramme :

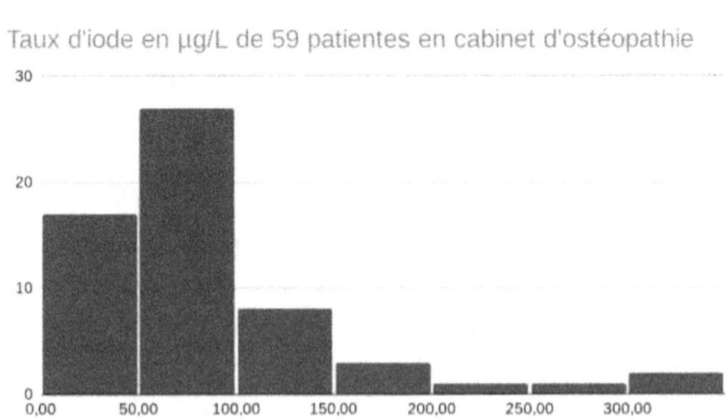

Les résultats sont donc les suivants :

-78% des patientes présentent une iodurie en dehors des normales, dont 74,6% en déficit (< à 100µg/l).

-22% des patientes présentent une iodurie normale (entre 100 et 300µg/l).

-29% des patientes présentent une carence: une iodurie inférieure à 50µg/l.

Les patientes en déficit, ont été conseillées de se complémenter quotidiennement en iode pendant 3 mois et de refaire une iodurie au bout de ce laps de temps. Pour celles en carence, il a été conseillé une supplémentation de 6 mois avec iodurie de contrôle également.

Concernant les 2 patientes ayant un taux supérieur à 300µg/l, nous avons mis le doigt sur la cause pour une seule de ces patientes : elle consommait du “faux sel” à base d'algue (Herbamare) au quotidien et se complémenter alors de manière forte en iode tous les jours et cela depuis des années.

Nous soulignerons également que nous avons reçu deux ioduries avec des taux complétement anormaux (7600 et 2444 µg/l). Ceci était dû à un problème technique du laboratoire (parasitage de l'échantillon ou mauvais étalonnage de la machine).

L'âge moyen de cette étude s'établit à 55.38 ans. La patiente la plus jeune ayant 12 ans et la plus âgée 77 ans.

Cet examen biologique peu prescrit est non remboursé par la sécurité sociale. Il coûte environ 30 euros en le réalisant dans un laboratoire d'analyses médicales.

Lorsque l'on connaît les effets biologiques positifs de l'iode, il est intéressant de se pencher sur la question.

D'après le Vidal:

"Après examen des données scientifiques, les autorités de santé Européennes ont estimé que les produits à base d'iode peuvent prétendre contribuer :

Au métabolisme énergétique normal,
Aux fonctions intellectuelles normales,
Au fonctionnement normal du système nerveux,
À la santé normale de la peau ;
À la production normale d'hormones thyroïdiennes et au fonctionnement normal de la thyroïde ;
À la croissance normale des enfants,

Et de poursuivre:

"Une alimentation équilibrée apporte suffisamment d'iode et la prise de compléments est rarement justifiée."

Ce n'est pas ce que l'on peut pourtant constaté dans cette mini-étude.

References

1-Nikiphorou Elena,Philippou Elena, "Nutrition and its role in prevention and
management of rheumatoid arthrisis", in Autoimmun Rev, 2023.
2- Lundquist Patrik, Lampinem maria "Mild-to-moderate psoriasis is associated with
subclinical inflammation in the duodenum and a tendency of disturbed intestinal
barrier", in biochimbiophys Acta mol basis, Décembre 2024.
3-Pr Laurence Verneuil, "Peut-on faire confiance à la naturopathie?", france 5, 16
Avril 2024.
4- https://pubmed.ncbi.nlm.nih.gov/
5-"*Lorsque vous aurez nettoyé le corps de sa crasse par les organes émonctoires,
alors il sera prêt à être nourri par les artères*", Still A.T.
6- Barral J.P., Mercier P. "*manipulations viscérales 1*", Elsevier, 2004.
7-Paoletti S. "*Les fascias*", Sully, 2011.
8- Gehin Alain" *concept de tensegrité en ostéopathie*", Sauramps medical, 2010.
9-L'Hermite Pierre-Luc, Tavernier Paola, Marangelli Gianni, "*L'usage du carnet de santé*

en ostéopathie" ,RGDM, n°90, 2024, p.195-209)
10- Peyrot Romain,"*la communication interprofessionnelle influence t-elle la qualité des soins?*", mémoire de fin d'études en pedicurie-podologie 2020)
11- The mechanisms of massage and effects on performance, muscle recovery and
injury prevention Pornratshanee Weerapong 1
, Patria A Hume, Gregory S Kolt., 2005.
12- A meta-analysis of massage therapy research Christopher A Moyer 1
, James
Rounds, James W Hannum, 2004.
13- Gustaf Norström, "Action physiologique du massage", 1909, Hachette livre,
Bibliothèque nationale de France.
14/15- Arnaud Gea, Philippe Banel, "physiologie des Huiles Essentielles" ,DUNOD,
2024, p.650
16- Seignalet Jean, "l'alimentation ou la troisième médecine", 2012, éditions du
rocher
17- "Indications relatives à un supplément d'acides gras oméga-3 pour
prévenir les maladies cardiovasculaires: Du poisson aux produits
pharmaceutiques, N. John Bosomworth, 2023"
18- Norouziasl R, Zeraattalab-Motlagh S, Jayedi A, Shab-Bidar S. Efficacy and
safety of n-3 fatty acids supplementation on depression: a systematic review and
dose-response meta-analysis of randomised controlled trials. Br J Nutr. 2023 Sep
19- Wachira JK et al., N-3 Fatty acids affect haemostasis but do not increase
the risk of bleeding: Clinical observations and mechanistic insights, Br J
Nutr., 2014

20-Emma Mudd, Simon R.E. Davidson, "Healthy lifestyle care vs guideline based
carefor low back pain, a randomized clinical trial", Jama Network open, January 2025.
21- Aysha Karim Kiani, Maria Chiara Medori Gabriele Bonetti Barbara Aquilanti "modern vision of the
Mediterranean diet" J prev med hyg 2002 Oct
22- de Lorgeril M, Salen P, Martin JL, Monjaud I "Mediterranean diet, traditional risk factors, ans the rate
of cardiovascular complications after myocardial infarction, Lyon Diet Heart Study", Circulation 1999

LIVRES ET OUVRAGES

Ostéopathie :

"Plaidoyer pour une ostéopathie vivante", Bel François, éditions Sully.

"Balade en biologie, Cazanave Gérard, éditions Vie.

"Le crâne en ostéopathie: l'art et la manière", Ratio André, éditions La pieuvre.

"Le lien Mécanique Ostéopathique: évolutions et perspectives", Chauffour Pascal, Prat Eric, éditions Sully.

"Manipulations viscérales avancées", Barral Jean-Pierre, éditions Elsevier Masson.

"Carnet du toucher", Laval Yves, éditions Dangles.

Aromathérapie :

"L'aromathérapie exactement", Penoël, Franchomme, Jollois, éditions Jollois Roger.

"Physiologie des Huiles essentielles", Gea Arnaud, Banel Philippe, éditions Dunod.

"Tout soigner avec 16 Huiles essentielles", Couic Marinier Françoise, éditions Terre vivante.

Phytothérapie :

"Phytothérapie, la santé par les plantes", Arnal Berangère et co, éditions Reader's digest.

Dry-needling :

"Dry-needling", De Laere Jean, éditions ArtThema

Echoscopie:

"echographie musculo-squelettique", Sans Nicolas, éditions Elsevier Masson.

site Internet : "echo-loco", Chahbanderian Michel

Autres :

"Essai sur la santé, abécédaire d'un ostéopathe-kinésithérapeute", Abels-Eber Aurélien, éditions Vie.

"Kiné et guérisseur, journal d'un soignant breton", Taane Gregory, éditions Puf.

Dépôt légal septembre 2025

Librinova

www.librinova.com

www.ingramcontent.com/pod-product-compliance
Lightning Source LLC
LaVergne TN
LVHW022218200926
848481LV00006B/2022